まえがき

このブックレットは、農業委員と農地利用最適化推進委員の皆さまに、農業委員会をめぐる最近の情勢と新たな段階を迎えた「農地利用の最適化」についてご理解いただくために作成しました。

改正農業委員会法の施行から５年が経過し、この間、全国の農業委員会の皆さまは日夜「農地利用最適化」に邁進してきました。そして現在、その取り組みを振り返りさらなる成果の確保を目指して「新たな農地利用最適化」に取り組む段階を迎えています。一方、政府はこれまでの農業委員会の取り組みを検証し、６月に閣議決定した「規制改革実施計画」に「農地利用の最適化の推進」の項目を設け、農林水産省が、農業委員会が最適化活動の目標を設定し、委員が活動を記録し、結果を公表する仕組みを構築することを明らかにしました。また、同省では農業委員会業務とも密接に関係する「人・農地など関連施策の見直しについて（取りまとめ）」を５月に決定し、来年１月の通常国会への関連法案の提出に向け、本年秋を目途にさらに検討を深めることとしています。

こうした中､農業委員会組織としては従来の「農地利用の最適化」から「新たな農地利用最適化」という取り組みの高みを目指して、活動内容の見える化と情報開示を強化しつつ、成果を確保する取り組みが求められています。

本書は委員の皆さまに手に取っていただきやすいように小型でページ数の少ないブックレットの体裁をとりました。内容も図表を多用し、お伝えしたいポイントを簡潔に説明するなど、研修会等で活用しやすいように工夫しています。

本書が農業委員・農地利用最適化推進委員の役割についての理解が深まり、活動の充実につながれば幸いです。

令和３年11月

目　次

Ⅰ．「農地利用最適化」とは

1．委員４万人の総力を挙げて取り組もう「農地利用最適化」

これから農地利用最適化について述べていく前に強調したいことは、皆さんは一人だけではない、もしくは皆さんの農業委員会だけではないということです。全国には1,702の農業委員会があり、そこには皆さんの仲間である、農業委員と農地利用最適化推進委員が約４万人そして、事務局の職員が約８千人いらっしゃるということを押さえてください。

このブックレットをお読みの皆さんと同じ思いを持ち、同じ活動を展開されている仲間が全国各地にいらっしゃるということです。

農業委員・農地利用最適化推進委員の選任状況（暫定値）

1,702委員会（改選した1,475委員会を反映）

		旧制度※1		前回※5		改選時※6	
農業委員数①		35,060人 ※2		23,277人		23,256人	
認定農業者		10,311人 ※3	(29.4%)	12,103人	(52.0%)	11,990人	(51.6%)
中立委員		－		1,944人	(8.4%)	1,990人	(8.6%)
女性		2,655人	(7.6%)	2,758人	(11.8%)	2,865人	(12.3%)
委員の年齢別構成		※4					
	70歳代以上	7,421人	(20.9%)	4,071人	(17.5%)	5,730人	(24.6%)
	60歳代	20,414人	(57.4%)	12,922人	(55.5%)	11,564人	(49.7%)
	50歳代	6,415人	(18.0%)	4,375人	(18.8%)	3,916人	(16.8%)
	40歳代	1,122人	(3.2%)	1,418人	(6.1%)	1,577人	(6.8%)
	30歳代以下	201人	(0.6%)	491人	(2.1%)	469人	(2.0%)
農地利用最適化推進委員②		－		17,840人		17,733人	
①＋②	【改選時/旧制度】	35,060人				40,989人	【116.9%】
	【改選時/前回】			41,117人			【99.7%】

新体制で委員数は
約2割
（116.9%）増加

※１ 平成28年４月以降の新制度移行前1,703委員会の状況
※２ 農林水産省臨時実態調査（平成28年３月）及び農林水産省実態調査（平成28年10月）から引用
※３ 全国農業会議所改選後調査（平成26年８月）より引用
※４ 全国農業会議所改選後調査（平成26年８月）より引用のため、農業者数（別調査からの引用）の合計（35,060人）と異なる
※５ 新制度移行時の農業委員会の状況調査（平成30年10月１日までに移行した1,703委員会：全国農業会議所調べ）
※６ ※５の新制度移行時の農業委員会の状況調査（平成30年10月１日までに移行した1,703委員会）に改選時の農業委員会の状況調査（平成31年～令和２年）1,475委員会（令和３年６月21日現在）を反映

2．農業委員会の業務

1．農業委員会の業務は農業委員会法の第6条と第38条に明記
2．第6条第1項は昭和26年法律制定以来の法令必須業務
3．第6条第2項は平成27年改正で明記された新たな法令必須業務
4．第38条第2項の行政機関の留意規定に注目

農地の確保と有効利用	農地等の利用の最適化	農業の担い手の育成・確保	農業者の代表として地域の課題解決への取り組み
農業委員会法 第６条第１項	農業委員会法 第６条第２項	農業委員会法 第６条第３項	農業委員会法第38条
●効率的な農地利用について農業者を代表して公正に審査 ●農地法等の許可、農業経営基盤強促進法の利用集積計画の決定 ●農地の利用状況調査（農地パトロール） ●遊休農地対策	●担い手への農地利用の集積・集約化、遊休農地の発生防止・解消、新規参入の促進 ●そのために農地所有者の意向把握や「人・農地プラン」等の地域の話し合い等へ参加（中間管理法第26条第3項）	●農業経営の合理化により地域農業の発展を目指す ●農業経営の法人化、複式簿記の記帳や青色申告の推進、農業者年金の加入推進、家族経営協定の推進 ●調査・情報提供活動	●農業者との意見交換等に取り組み、広く農業者の声をくみ上げ関係行政機関等へ意見の提出を実施

全国農業図書（R02-06）「農業委員会研修テキストシリーズ①　農業委員会制度 －農地利用の最適化の推進－」参照

農地利用最適化の業務は農業委員会の最重要の業務です。農業委員会法の第６条に「業務」の規定があります。第６条には第１項から第３項まで３つの項目があります。農地利用最適化の業務は、平成27年の法律改正で新たに第２項に法令上の必須業務として位置づけられたものです。

なお、改正前に第６条第３項で措置されていた「建議」の機能は、第38条の「意見の提出」に引き継がれています。

3．近年の農業委員会制度の変遷

1．平成25年：今後10年間で全農地面積の8割が「担い手」によって利用（日本再興戦略）
2．平成27年：農業委員会法改正（公選制から選任制へ、農地利用最適化が法令必須業務へ）
3．令和元年：農地利用最適化の明確化・重点化（中間管理法改正）

年月	事項	主な内容
平成25年6月	日本再興戦略	①農林水産業を成長産業にする ②今後10年間で、全農地面積の8割が「担い手」によって利用される（KPI：重要業績評価指標）
平成25年12月	中間管理法制定	①市町村が配分計画原案を策定する際、必要があれば農業委員会の意見を聴く
平成26年6月	規制改革実施計画	①公選制廃止 ②農業委員定数削減 ③農地利用最適化推進委員設置 ④建議機能廃止 ⑤都道府県農業会議、全国農業会議所制度の見直し
	日本再興戦略改定	
平成27年8月	農業委員会法改正	①公選制から選任制へ ②法令必須業務に農地利用最適化を新設 ③農地利用最適化推進委員新設 ④「建議」から「意見の提出」へ ⑤都道府県農業会議、全国農業会議所は一般社団法人に移行し「農業委員会ネットワーク機構」に指定
平成27年4月	改正農業委員会法施行	
令和元年5月	中間管理法改正	①農地利用最適化の明確化・重点化 →農地所有者の意向把握、人・農地プランの話し合い参加

農業委員会は昭和26年に創設されましたが、その業務を理解する上で、近年の農業委員会制度の変遷に留意することが重要です。

近年の農政の起点は平成25年6月の「日本再興戦略」において「農林水産業を成長産業にする」と謳い上げたことです。そのために「今後10年間で、全農地面積の8割が『担い手』によって利用される」ことが政府のＫＰＩ＝重要業績評価指標として毎年その成果を数字で示し、評価されるようになりました。

そして平成25年12月に、その政策を推進する機関として農地中間管理機構（農地バンク）等を定めた中間管理法（正式名称は農地中間管理事業の推進に関する法律）が制定されました。

この法律の制定過程で「規制改革会議」(現「規制改革推進会議」)、「産業競争力会議」等から中間管理法の運用に当たっては農業委員会と農協という伝統的な機関は関与させない方向で議論が進められました。

しかし、農業の成長産業化や担い手に農地の８割を集積するという目標を実現するためにはやはり農協と農業委員会の力が必要となるため、平成26年に規制改革会議を中心にその改革の議論が進められ、平成26年６月の「規制改革実施計画」と「日本再興戦略・改訂」に、①公選制の廃止、②農業委員定数の削減、③農地利用最適化推進委員の設置、④建議機能の廃止、⑤都道府県農業会議、全国農業会議所制度の見直しが盛り込まれました。

その後、これらの決定を踏まえた農業委員会法改正の議論が行われる過程で、農業委員会組織では組織を挙げて政府・国会に働きかけ、農業委員会の地域における代表機能や利用調整機能の必要性を訴え、結果として平成27年８月の農業委員会法改正に当たっては、農業委員会の選出方法を公選制から選任制へ変更、②法令必須業務に農地利用最適化を新設、③農地利用最適化推進委員の新設、④「建議」から「意見の提出」へ、⑤都道府県農業会議、全国農業会議所は一般社団法人に移行し「農業委員会ネットワーク機構」に指定する等の改正が行われました。この改正で「農地利用の最適化」という業務が法定されたのです。

その後、農地利用の最適化に取り組む過程で足りない部分を、令和元年５月の中間管理法の改正で農地所有者の意向把握、人・農地プランの話し合いへの参加等を同法に位置づけ、農地利用最適化の明確化・重点化が図られ、現在に至っています。

４．担い手へ農地を８割集積することとは

「担い手へ農地を８割集積」とよく耳にされると思いますが、その根拠は前述の通り、平成25年6月14日に閣議決定された「日本再興戦略」において農林水産業の競争力を強化するため、今後10年間で全農地面積の８割（平成26年３月末　５割弱）が担い手によって利用されることを目標とする」と定められたことに始まります。

再興戦略では、政策ごとに工程表と成果目標としての「重要業績評価指標（ＫＰＩ＝Key Performance Indicator)」が設定され、農地の８割集積もそれに位置づけられています。そして、政府は施策ごとの進捗管理というボトムアップ型のＰＤＣＡサイクルと成果目標達成の可否というトップダウン型検証により、毎年厳しく管理しているのです。

農地の担い手への８割集積は、各都道府県の平成26年３月末時点の集積率を2.5倍した集積率（上限：北海道95％、都府県90％）又は農業経営基盤強化促進基本方針の集積目標のいずれか高い方に、平成25年の耕地面積を乗じて算出したものです。平成25年から令和５年までの10年間で約149万ha。これを10年割すると単年度の年間集積目標面積14.9万haが算出されます。

この目標は農業・農村の現場に合ってないという批判もあり、政府が成長戦略を進める政策推進との間に整合性が取れていないことは明らかです。そのため、農業委員会組織では意見の提出機能等を活用して、その整合性を図ることを求めています。

5．農地利用最適化業務とは

※平成27年農業委員会法改正により第6条第2項に位置づけられた新たな法令必須業務

①担い手への農地利用の集積・集約化、②遊休農地の発生防止・解消、③新規参入の促進

○農業委員会法第６条第２項

農業委員会は、前項各号に掲げる事項を処理するほか、その区域内の農地等の利用の最適化の推進（農地等として利用すべき土地の農業上の利用の確保並びに農業経営の規模の拡大、耕作の事業に供される農地等の集団化、農業への新たに農業経営を営もうとする者の参入の促進等による農地等の利用の効率化及び高度化の促進をいう。以下同じ。）に関する事項に関する事務を行う。

農地利用の最適化が平成27年の改正農業委員会法以降、農業委員会活動の一丁目一番地ともいうべき、農業委員会組織に課せられた新たな農業委員会の最重点の業務となりました。

法律の条文上では、農業委員会法の第６条第２項に位置づけられており、「農業経営の規模の拡大、耕作の事業に供される農地等の集団化、農業への新たに農業経営を営もうとする者の参入の促進等による農地等の利用の効率化及び高度化の促進」を農地利用の最適化と定義しています（図の下線）。

具体的にはイラストの三つの取り組みを指します。①担い手への農地利用の集積・集約化、②遊休農地の発生防止・解消、③新規参入の促進です。

6．農地利用最適化業務と農地中間管理事業の関係

※農業委員会と農地中間管理機構が連携する根拠

○農業委員会法第６条：業務＝中間管理法第１条：目的　（条文が同じ）

○農業委員会法第６条第２項：業務

農業委員会は、前項各号に掲げる事項を処理するほか、その区域内の農地等の利用の最適化の推進（農地等として利用すべき土地の農業上の利用の確保並びに農業経営の規模の拡大、耕作の事業に供される農地等の集団化、農業への新たに農業経営を営もうとする者の参入の促進等による農地等の利用の効率化及び高度化の促進をいう。以下同じ。）に関する事項に関する事務を行う。

○中間管理法第１条：目的

この法律は、農地中間管理事業について、農地中間管理機構の指定その他これを推進するための措置等を定めることにより、農業経営の規模の拡大、耕作の事業に供される農用地の集団化、農業への新たに農業経営を営もうとする者の参入の促進等による農用地の利用の効率化及び高度化の促進を図り、もって農業の生産性の向上に資することを目的とする。

7．なぜ今農地利用の最適化なのか

1. 農業委員会の本分＝**「子孫に美田を残す」** ←西郷隆盛「不為児孫買美田」の逆張り
2. 農地利用の最適化＝**今耕されている農地を、耕せるうちに、耕せる人へつないでいく**

①農業委員会の本分：「地域の農地を残し、活かし、耕し続ける」ことに責任
→子孫に美田を残す
②委員４万人の思い：平成20年以降・遊休農地対策・農地パトロール
→一度荒れた農地をもとに戻すのは難儀
③今ここにある危機：→今使われている農地もじきに荒れる
④農地利用最適化とは
→「今耕されている農地を、耕せるうちに、耕せる人へつないでいく」
⑤農地バンクがあろうがなかろうが、人・農地プランがあろうがなかろうが
→地域の農家の営農意向をくみ取り、地域の話し合いに参加する必要がある
⑥農業委員会は「農地の番人」から「農地を動かす人」に（田代洋一横浜国立大学名誉教授）

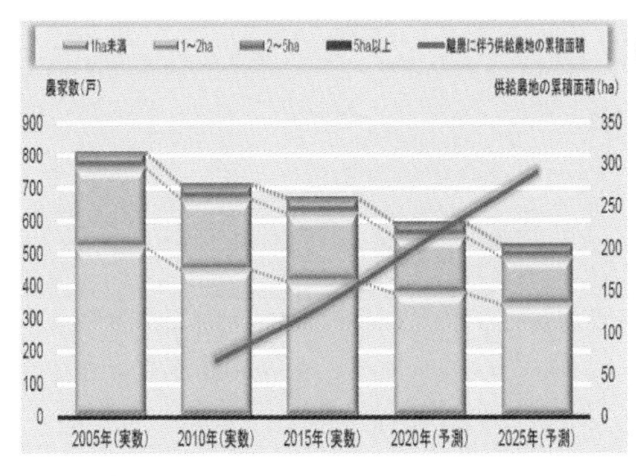

※離農による供給農地の増大

2025年の地域農業の姿が把握できる地域農業情報－○○県○○市版－（農研機構）

○○県○○市の家族経営体数と離農に伴う供給農地の累計面積の推移と将来予測

ここまで農地利用最適化について法律の条文等を中心に説明してきましたが、委員の皆さんの中には、ピンとこない方もいらっしゃるかと思います。「担い手に農地を集めたり、遊休農地解消対策や新規就農者の支援は、平成27年以前からずっと取り組んでいた」「担い手に農地を集めろと言われても、中山間地の集落では集落の農地を全部集めても10haしかない」

等々、農地を巡る状況は地域によってまちまちです。

農業委員会の業務及び本分は、要は農地に責任を持つ組織として、父祖から引き継いできた大事な農地を可愛い子供や孫に引き継いでいく。西郷隆盛は「子孫に美田を買わず」と喝破（かっぱ）しましたが、農業委員会はその逆張り「子孫に美田を残す」ということではないでしょうか。

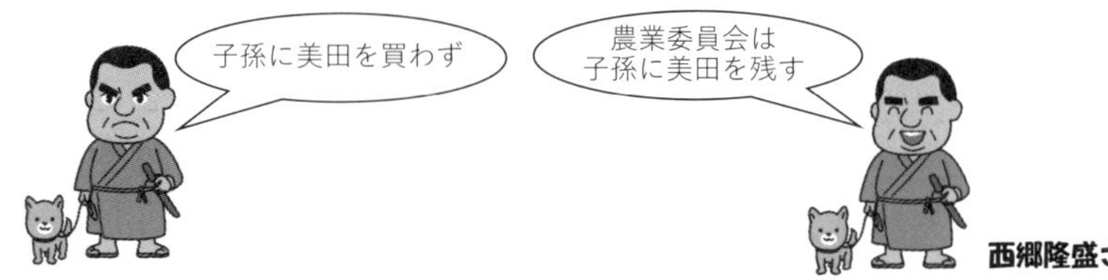

子孫に美田を買わず
農業委員会は
子孫に美田を残す
西郷隆盛さん

11 ページのグラフ「2025 年の地域農業の姿が把握できる地域農業情報」にご注目下さい。農研機構のホームページに全国の市町村のデータが掲載されています。ぜひご自分の市町村のグラフを出力してみてください。全国 1,702 委員会で程度の差こそあれ、将来の見通しは経営体の減少に反比例して農地が吐き出されるという構図で共通しているはずです。

全国 4 万人の農業委員・農地利用最適化推進委員は、夏の暑い盛りの農地パトロールを皮切りに遊休農地対策に奮闘・努力しています。その委員の共通した思いは「一度荒れた農地を元に戻すことがいかに難儀であるか」ではないでしょうか。

しかし今、ここにある危機は「今使われている農地もじき荒れるのではないか」なのです。であるとすれば農地利用最適化とは「今耕されている農地を、耕せるうちに、耕せる人へつないでいく、引き継いでいくことを算段すること」です。そのためには、農地バンクがあろうがなかろうが、人・農地プランがあろうがなかろうが、地域の仲間の意向を把握して、人・農地プランに代表される地域の話し合いに参加することが必要であるということです。そのことは最終的に農地の出し手と受け手を結び付け、農地を動かすことにつながっていきます。

農業・農村は厳しい状況の中「今耕されている農地を、耕せるうちに、耕せる人へつないでいく、引き継いで行くことを算段すること」、すなわち農地利用最適化を農業委員会に求めているのです。今回の改革を横浜国立大学の田代洋一名誉教授は、農業委員会は「農地の番人」から「農地を動かす人」になったと述べています。

（参考）農地利用最適化の背景

農村部の高齢化は都市部よりも約２０年先行
農業をしない後継者が増加、集落営農や認定農業者も後継者がいない

少ない農業者で農地を維持するには・・・

農地利用の最適化
耕せる農地を耕せるうちに耕せる人へ引き継ぐ算段

参考　農地面積と農業就業人口の変化

	農地面積	農業就業人口	1人当たりでは
昭和26年	600万ha	1,400万人	0.42ha
現在	440万ha	168万人	2.2 ha

※昭和26年は農業委員会の発足年

5.2倍

8．農地利用の最適化の具体的な取り組み

1．農地利用最適化の取り組みは３ステップで

2．第1ステップ：現場を知る、第2ステップ：仲間と話し合う、第3ステップ：農地のマッチング

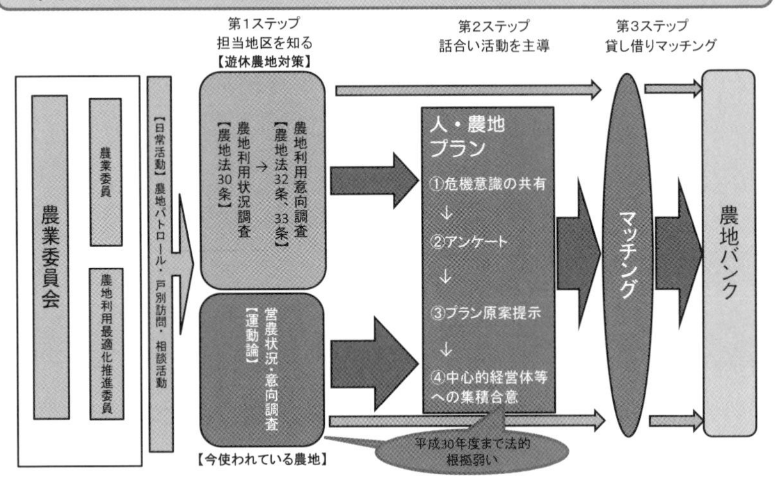

農地利用最適化に具体的に取り組むためには、３つのステップに留意して取り組む必要があります。

第１ステップは、現場を知る、第２ステップはそれをもとに仲間と話し合う、第３ステップはそうして明らかになった意向を踏まえ、農地の売買貸借のあっせん、すなわちマッチングに取り組むということです。

平成28年度から改正農業委員会法が施行され、農地利用最適化に農業委員会は取り組むこととなりましたが、農地利用状況調査と農地利用意向調査は農地法に根拠があり、どこの農業委員会でも取り組まれていました。

しかし、営農状況・意向調査と人・農地プランの話し合いへの参加は法律の根拠が明確ではなく、運動論的に取り組まれていました。農業委員会

の中には取り組もうにも法律の根拠が明確でないため、市町村の農政部局との調整に難儀している事例もありました。そのことに対応したのが、令和元年の中間管理法の改正です。

9．明確化・重点化された農地利用の最適化の取り組み

1．令和元年5月：中間管理法改正・第26条第3項新設：人・農地プラン等への協力
2．農業委員会による農業者の意向把握、人・農地プランの話し合い参加等明確化

○中間管理法第26条第3項

農業委員会は、農地の保有及び利用の状況、農地の所有者の農業上の利用の意向その他の農地の効率的な利用に資する情報の提供、委員及び推進委員（農業委員会等に関する法律第17条第1項に規定する推進委員をいう。）の第1項の協議への出席その他当該協議の円滑な実施のために必要な協力を行うものとする。
（第1項＝人・農地プラン）

令和元年５月に農地中間管理事業の５年後見直しの一環として中間管理法が改正されました。その動きの中で、農業委員会組織では、意向把握と人・農地プランへの参加等について法的根拠を明確にするように政府・国会に働きかけました。

その結果、中間管理法第26条に第３項が新設され、農業委員会による農業者の意向把握や委員が農業者の協議に参加し、市町村における人・農地プラン策定の取り組みに協力することが明確に定められました。

イラストにあるように「農地所有者の意向把握」と「集落での話し合い」に参加する等、農地利用最適化の取り組みが明確化・重点化されたと言えるでしょう。

10. 所有者の意向把握①

1. 農家等の意向調査（≒アンケート、戸別訪問の実施）
   ① 「現在、耕作されている農地」に関する意向調査を戸別訪問または郵送等により実施。
   可能であれば地図に情報を落とし込む（意向別や耕作者の属性に応じて色分け）。
   ② 調査項目は地域の実態に応じて任意に設定。
   ただし、**「1. 年齢」、「4. 今後の農業経営の意向」、「5. 今後の農地管理の意向」（貸借売買の意向）、「7. 農業後継者」**は必須。
   ③ 調査結果は関係機関・団体と共有し、農地のマッチングにつなげる。

	1	2	3	4	5	6	7
設問	年齢	所有農地の状況	農地の管理状況	今後の農業経営の意向	今後の農地管理の意向	農地貸借等時期	農業後継者
選択肢	ー	①面積（a） ②筆数（筆）	①自作（a） ②貸付（a） ③不耕作（a）	①現状維持 ②規模拡大 ③規模縮小	①売却（a） ②貸付（a） ③購入（a） ④借入（a）	①1年以内 ②1~2年後 ③3~5年後 ④その他	①いる ②いない

ここでは、令和元年の中間管理法の５年後見直し改正により農地利用最適化の明確化・重点化が図られた「意向把握」と「話し合いへの参加」について説明します。

「意向把握」はアンケートと戸別訪問で実施されることが一般的です。調査の項目は図のようなものが考えられますが、番号に付けた四つの星印(①年齢、②今後の農業経営の意向、③今後の農地管理の意向、④農業後継者)は、人・農地プランの実質化に当たっての必須項目です。

10. 所有者の意向把握②

意向把握は1回で済むものではなく「初めはざっくり、だんだん詳細に」と、構えて取り組むことが重要です。ざっくりの時は17ページの表のようなアンケートから始め、詳細を把握する際は19ページの図のように農地台帳の情報を活用するのも良い方法です。

アンケートに取り組んだ際、回収率を上げることが重要ですが、19ページ下の枠内にあるように返信封筒に朱書きで「重要」と記載したり、回答がない場合は回収に伺う旨を記載することで回答率を上げた事例もあります。

○意向把握は、はじめざっくり、だんだん詳細に…
○アンケート方式の場合は記入してもらいやすい工夫を一台帳データの流し込み
○農地台帳の補正業務・調査とのリンクも検討を

農地台帳の情報を流し込んだ事例

問10　農地の状況についておたずねします。該当項目を訂正・追記してください。

所　在	現況地目 登記簿地目	現況面積 登記簿面積 （㎡）	農振 区分	所有者 借受/転貸人	適用法 耕作状況	始期 終期	農年特処 相続猶予	今後の 活用意向 ※
京山市太田町 西町4-6	畑 畑	3,000 3,000	農用地	辻　一郎 辻　一郎	 良好			
京山市太田町 西町4-7	畑 畑	2,500 2,500	農用地	辻　一郎 辻　一郎	 良好			
京山市太田町 南町13	田 田	1,000 1,000	農用地	辻　一郎 辻　一郎	 良好			
京山市太田町 南町14	田 田	1,650 1,650	農用地	辻　一郎 太田久男	利用権設定 良好	H25/03/31 R03/03/30		
京山市太田町 南町15	田 田	1,800 1,800	農用地	辻　一郎 太田久男	利用権設定 良好	H25/03/31 R03/03/30		
京山市太田町 東町380	田 田	800 800	農用地外	辻　一郎 辻　一郎	 保全管理			
京山市太田町 東町381	田 田	450 450	農用地外	辻　一郎 辻　一郎	 保全管理			
京山市太田町 東町409-1	田 田	963 963	農用地	辻　一郎 辻　一郎	 良好			
以降　別紙								

※【今後の活用意向】は次の番号を記入してください。

1　耕作する　　2　管理する　　3　貸したい　　4　売りたい　　5　その他

注）取消線で訂正した場合でも、適正な手続き等が必要な場合は修正されませんのでご注意ください。

※回収率の向上に向けて
①郵送時の封筒に赤字で「重要」と記載
②調査票に「回答がない場合は回収に伺います」と記載
これらの記載で回収率が上がった事例も

11. 地図を持って出かけよう！

人・農地プランの実質化に当たっては、把握した意向を地図に落としこみ、集落の人の意識の共有化を図ることとされています。その際、耕作者の年齢と後継者の有無が分かるものが求められています。

農業委員会にある農地情報公開システムでこのような年齢と後継者を表示すること等が可能になっていますので、是非活用についてご検討下さい。

農地情報公開システム等で耕作者の現況図をプリントアウトして、いざ現場へ！

①手始めは年齢階層図から

※黄70歳代、赤80歳代、橙90歳代
※高齢化が進行していることが一目瞭然
※アンケートに答えたり話し合いに参加する気運醸成のきっかけに！

○更新をしていなくとも生年月日情報が入力されていれば年代別の現状表示可能

②令和2年8月から異なる要素を重ねて表示可能に

※意向把握結果等が表示可能に！

※黒ドットは「自ら耕作」、「プランに位置づけ（貸付意向）」
※黒ドットのない農地の耕作者の意向を把握すればプランの相当部分は完了…？

○更新業務の一環で「後継者項目」を入力すれば後継者有無表示が可能となり、プラン要件の現況図が完成！

12. 地域の実情に応じた話し合い活動の方式

「話し合い」は地域の実情を踏まえておおよそ３通りの方法に整理されます。そのポイントは「中心経営体」の有無、「話し合い」の機運による組み合わせで22ページの図のようになります。

中心経営体が十分確保されている地区では、その中心経営体に向け農地を集積していくこと等のプラン原案を示しつつ、丁寧に説明していく「対話型説明会（プレゼンテーション）方式」を参考にして下さい。

一方、中心経営体がいても不十分、もしくはいない地区では、関係者全員でゼロベースから話し合いを重ねていく「合意形成話し合い（ワークショップ）方式」が参考になります。

中心経営体が「いない」かつ「話し合いの機運もない」場合は、外部の人による支援を検討する必要があると思われます。

プレゼンテーション方式は全国農業図書のＤＶＤで千葉県香取市の事例をもとにした「人・農地プランの話し合いで進める農地利用の最適化」をご覧になることをお勧めします。

ワークショップ方式についての書籍として会議ファシリテーター普及協会代表・釘山健一氏と同副代表・小野寺郷子氏による「全員が発言する座談会が未来の地域（集落）をつくる～人・農地プランの実質化のための座談会「理論編」～」と元茨城県東海村農業委員会の事務局長・澤畑佳夫氏の「地域（集落）の未来図を描こう！～人・農地プランの実質化を確実に進めていくための、思いをカタチにできる集落座談会の開き方～」を是非ご一読下さい。

澤畑氏のノウハウは「一般社団法人会議ファシリテーター普及協会（ＭＦＡ)」の手法（ＭＦＡメソッド）によるものです。この方法による話し合いを通じて、担い手や新規就農者へ農地バンクを活用して農地の集積を実現しました。同協会の研修・講演が参考になりますので、詳しくは全国農業会議所へお問い合わせ下さい。なお、ＭＦＡメソッドの命名には全国農業会議所も関与しています。

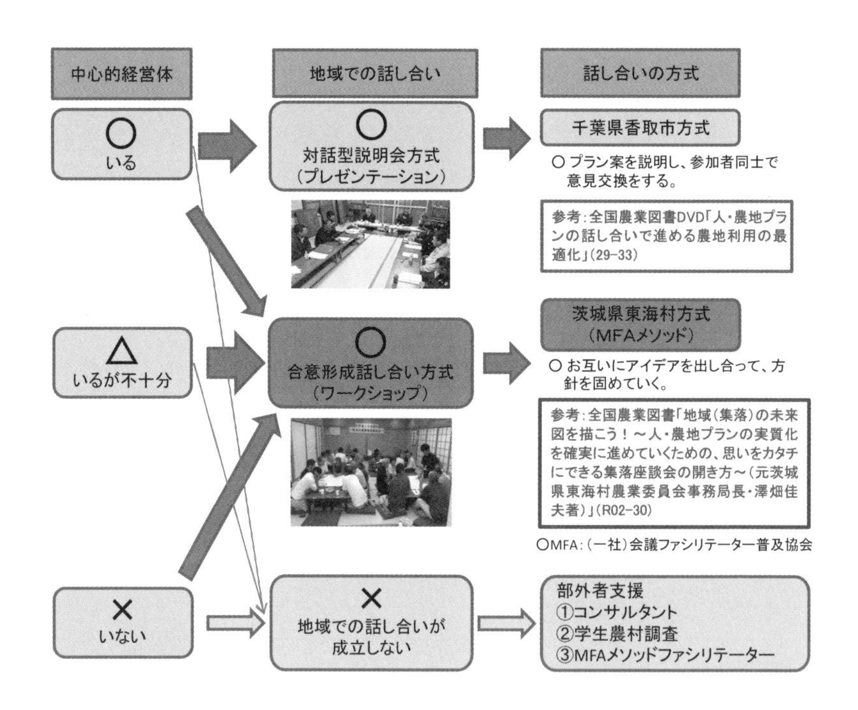

13. 話し合い（集落座談会）への参加

農業委員、農地利用最適化推進委員は話し合いに参加して、コーディネーター役を担うことが期待されています。コーディネーター役というと難しく感じるかもしれませんが、具体的な取り組みは表のとおりです。「必ず実行すること」と「できることから取り組むこと」があります。

「必ず実行すること」は、とにかく参加することと、仲間に参加を呼びかけることです。

「できることから取り組むこと」は、可能なことからお取り組みいただきたいということです。最終的には話し合いの進行や集約ですが、みんながすぐに取り組むということではなく、できる方から取り組んでいきましょう。「現場活動報告」は委員の皆さんは現場活動を日頃から取り組まれているので、そのことを話題として提供するということです。「意向把握」の結果を紹介することもここに該当します。「話題提供」は、委員は立場上、他の農家の方よりいろいろな事業や他の地域の事例に接する機会が少なくないと思いますので、そのようなことを「話題提供」していただければと思います。

■話し合いで農業委員、推進委員に期待されている役割＝コーディネーター役

農業委員会はもともと農地の利用調整（あっせん、和解の仲介等）に取り組んできた
→地域の代表、調整役（コーディネーター）です！

	項目	取り組み内容
必ず実行すること	1 委員の立場で話し合いに参加	話し合いに参加し、意見交換に加わる。
	2 話し合いへの参加の呼びかけ	「地域の将来を決める大事な話し合い」と積極的に声がけを行う。
できることから取り組むこと	3 進行・集約（その手伝い）	活発な議論を引き出しつつ、話し合いがまとまるように進行や意見の集約をフォローする。
	4 現場活動報告（意向把握調査の結果の報告）	日ごろの現場活動の状況、意向把握の結果を紹介する。
	5 話題提供	冒頭の挨拶や他地域の取り組み事例、利用できる補助事業等を紹介する。

14. ＰＤＣＡサイクルを踏まえた「農地利用最適化」の取り組みについて

農業委員会が農地利用最適化に取り組むに当たって公正な実施が図られるようにするためには、事前に目標や推進方法について明らかにするとともに、市町村全体で整合性のとれたものである必要があります。

このため農業委員会法第７条で、農業委員会は農地等の利用の最適化の推進に関する目標や推進方法を定めた指針（「農地利用最適化指針」）を作り、公表することが求められています。

指針には、担い手の農地の利用面積、遊休農地解消面積、新規参入者数等の農地利用最適化の推進に関する数値目標とその目標の達成に向けた具体的な推進の方法について定めることとされており、推進委員等はその活動を行うに当たり指針に従うこととされています。

そして、農業委員会法第37条で農業委員会の運営の透明性を確保するため、農地等の利用の最適化の推進の状況等についての情報をインターネット等の方法により公表することが義務付けられています。

農水省はその際、この情報公表に当たりＰＤＣＡサイクルが適切に働くようにするため、具体的には、年度当初までに設定する活動目標とその達成に向けた活動計画及び年度終了後に行う活動計画の点検・評価結果を毎年６月30日までにインターネット等で公表することを定めています。

要するに農業委員会法第６条第２項の農地利用最適化に取り組むために農業委員会法第７条でその推進方針たる農地利用最適化指針を定め、それに基づき活動を展開し、同法第37条でその取り組み情報を広く世の中に公表することが課せられているのです。その具体的な実施に当たっては年度当初までに活動計画を立て、年度の終了後には活動計画の点検・評価結果を図のようなＰＤＣＡサイクルを回しながら取り組むこととされているのです。

①「情報の公表（37 条）」は「農地利用の最適化（6 条 2 項）」と並ぶ改正法の最重点
②令和 5 年目途の「農地利用最適化指針（7 条）」の実現に向け毎年、「計画」「点検・評価」を明らかにして実施（6 月公表）
このことは PDCA サイクルを回しながら取り組むこと

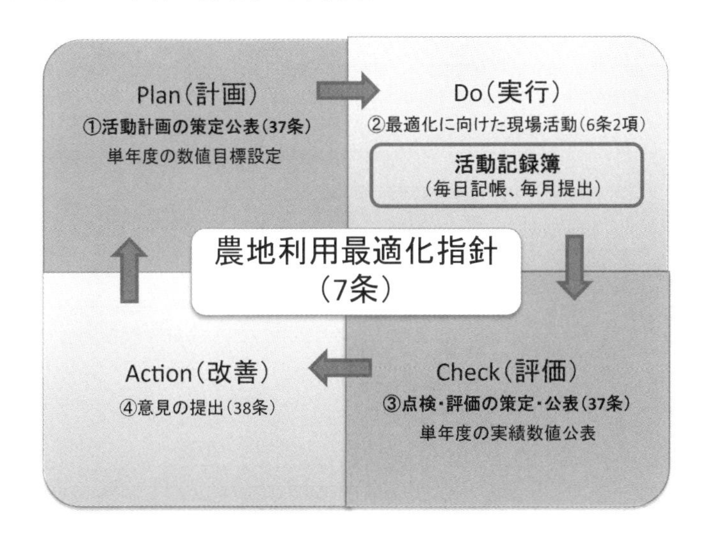

15. 農地利用の最適化を紹介するホームページ等

1．農業委員会活動の見える化サイト

目的：組織内外に向けた農業委員会活動の「見える化」を徹底するため、全国１,７０２農業委員会の**「目標及びその達成に向けた活動計画」**と**「目標及びその達成に向けた活動の点検・評価」**を全国農業会議所のホームページ上で公表して、農業委員会組織への理解促進と活動強化を目指す。

2.農業委員・推進委員用ポータルサイト

目的：農地利用の最適化の推進に向けて、農業委員・推進委員が現場活動に取り組むうえで有益な情報の提供や、他の委員等の取り組みを横展開する。

わたしたち農業委員会はこんな活動をしています
―農業委員会活動の「見える化」の取り組み―

私たち市町村農業委員会は、農業・農村を守り、その健全な発展に寄与するため、

（1）農地行政を担う組織
（2）農地利用の最適化を支援する組織
（3）農業経営の合理化を支援する組織
（4）農業・農村の声を代表する組織

として活動しています。

このサイトでは、私たちの活動状況を「目標及びその達成に向けた活動計画」・「目標及びその達
価」として掲載しています。全国の農業委員会の活動がよく分かるようになっていますので、お
ある農業委員会をぜひご覧下さい。

「活動計画」「点検・評価」閲覧

<コンテンツ>

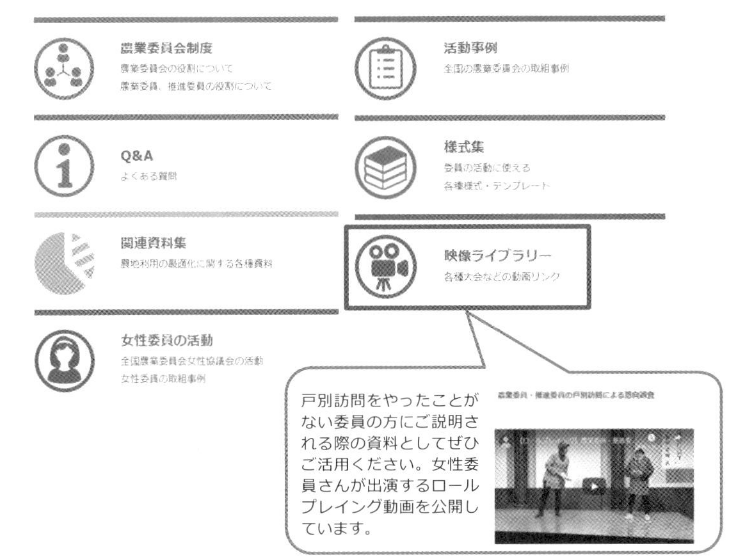

このように農地利用の最適化については法律により内容はもちろん、進め方と取り組みの公表まで詳細に定められており、国家のこの課題に対する農業委員会に対する期待の大きさが伺うことができます。

その結果、地域の実情が大きく違う中でも、目標を掲げ、同じ様式で取り組みを公表することとされているため、図らずも全国の仲間の取り組みを共有することが可能になりました。

全国農業会議所と都道府県農業会議ではその便宜を図るため、26ページのようにポータルサイトを開設し、最適化活動のプラットフォームの一助になればと運営をしています。

（URL）https://www.nca.or.jp/iin/

自分の地域の取り組みを進めるに当たり、このような情報を活用して全国の仲間の取り組みを参考にしてください。

16.「活動記録簿」をつけよう！

1．日常活動の結果を「活動記録簿」等に必ず残そう
2．活動記録簿→活動報告会→最適化交付金の申請資料の根本資料

●事務局の悩み

委員さんの日常的な活動が把握できない

委員さんが活動記録を付けてくれない

●一方、委員からは
「書くのが面倒くさい」
「書くときにはやったことを忘れている」
「あれは個人的にやったことだから」

こうしたギャップが活動の見える化の障害に

●すべての活動を記録に残すためには

①毎日書く（まとめて書こうと思うと必ず漏れが出ます）
②書き方や内容にはこだわらない（やったことをとにかく書きます）
③活動記録を委員間で見せ合う（他の委員の活動や記載方法を知ることは刺激になります）

将来的には活動記録はタブレットにより記帳することが想定されています（記載の手間や事務局の集計作業は格段に効率化されます）

ここでは、農地利用最適化の取り組みに止まらず、委員の活動をどのように記録し、それを次の展開に活かしていくかということについて整理しています。

委員の皆さんは日々活動を展開されるわけですが、その結果を様式は問いませんので「日誌」「日報」「活動記録簿」に記録することをとにかくやり遂げていただきたいと思います。活動のやりっ放しはＮＧということです。

佐賀県唐津市では「日報を書き忘れないための３か条」を策定し、委員間で意識の共有を図っています（30ページ参照）。

その１は「日報は日常生活の動線上に置いておく」です。目に入る置き場所として、洗面所の歯ブラシの近く、トイレ、枕元、軽トラの中などを例示しています。

その２は「日報にはボールペンをセットしておく」です。その理由は「せっかく書こうとしてもボールペンが見当たらないと『後で書こう』となって、結局書かないから」です。

そして、その３は「何でもかんでも、とりあえず書く」です。「書くべきか悩んで結局書かないよりも、とにかく何でもかんでも書いて、該当しないものは後から外せばいい」としています。皆さんも、とにかくやったこと、見たこと、聞いたことをどんどん書きつけることから始めて下さい。

（参考）活動記録簿の記帳を徹底するために

書き方・内容にこだわらず、とにかくやったことを書く
毎日記録する、（削除は簡単、とにかく記載する）
→清書は後からできます！

◎書き方のアイデア

・農業委員会手帳にメモをする
・携帯のメールからパソコンのメールに内容を送る
・付せんにメモをして、2～3日に1回書き起こす
→書けるものを持ち歩いて最低限の情報を残しておく！

付せんでメモをする場合

10月1日　15時
佐藤さん
あっせん

10月2日　13時
伊東夫妻
年金

10月3日　15時
渡辺さん
意向把握

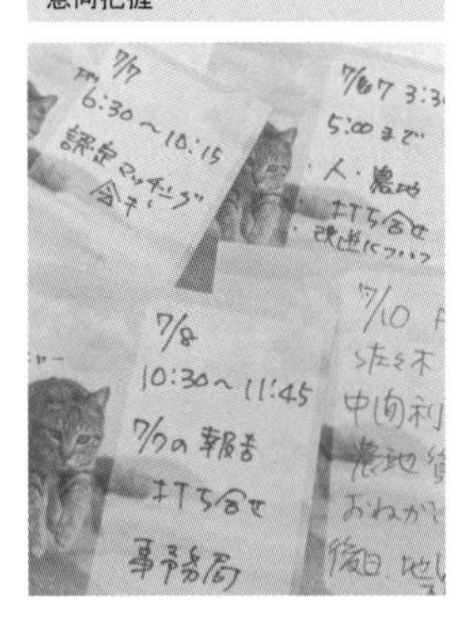

「日報を書き忘れないための3か条」

佐賀県唐津市「農地利用最適化推進活動日報記入例」より

その1　日報は日常生活の動線上に置いておく
＊毎日必ず行く所に置いておくと必ず目に入る！
例えば・・・
◆食卓の自分の席　◆洗面所の歯ブラシの近く
◆トイレ　◆お布団の枕元
◆軽トラの中（施錠は確実に！）　など

その2　日報にはボールペンをセットしておく
＊せっかく書こうとしても、ボールペンが見当たらないと、「後で書こう・・・」となって、結局書かないから！

その3　何でもかんでも、とりあえず書く
＊書くべきか悩んで結局書かないよりも、とにかく何でもかんでも書く。該当しないものは後から外せばいい！

きれいに丁寧に書く必要はありません！！
内容が確認できれば、箇条書き、なぐり書き、単語の羅列などなど・・・どのような書き方でも構いません。
醤油のシミがついていても構いません。
とにかく、活動したらメモを取る感覚でどんどん日報を書いていってください！！

Ⅱ.「農地利用最適化」の成果と課題

1．農地利用最適化の取り組みの実績
2．改正農業委員会法施行５年経過の課題

1．農地利用最適化の取り組みの実績

農業委員会組織は平成28年以降、改正農業委員会法に従い、最適化指針の作成、ＫＰＩの「担い手へ農地の８割を集積」を踏まえつつも地域の実態に沿った活動計画を立て、それに基づき活動を展開し、結果を点検・評価・公表しています。

その結果は33ページのグラフのとおりです。担い手への農地集積は、毎年ほぼ目標を地道に達成していることが注目されます。農地集積率の推移を都道府県別に見たのが35ページの表です。

担い手へ８割を集積するという目標に対しては、36ページのグラフを見ていただくと分かるように、2019（令和元）年度末で目標の８割に対して６割弱にとどまっています。

そのため、規制改革推進会議等はその実現を危ぶみ、農業委員会の目標設定がそもそも低すぎるのではないかと指摘し、政府や農業委員会に対し対応を強めることを求めています。

農業委員会は農地利用最適化の取り組みについて目標：「農地利用最適化指針」「活動計画」、結果：「点検・評価」を作成、パブコメ、公表している

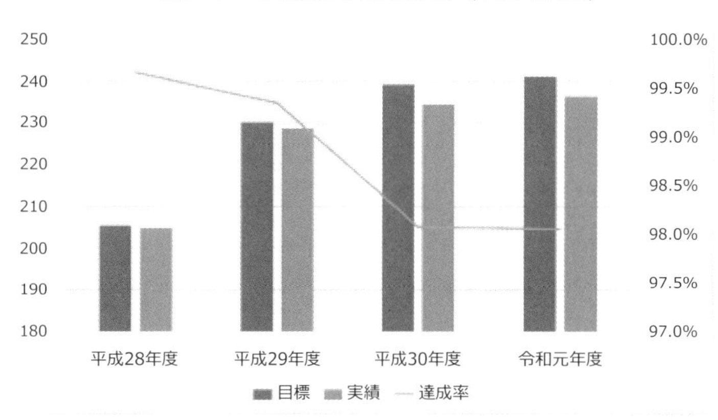

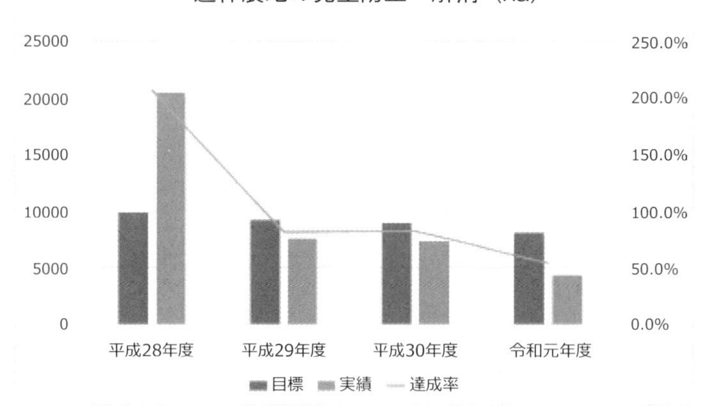

新規参入促進（面積）(ha)

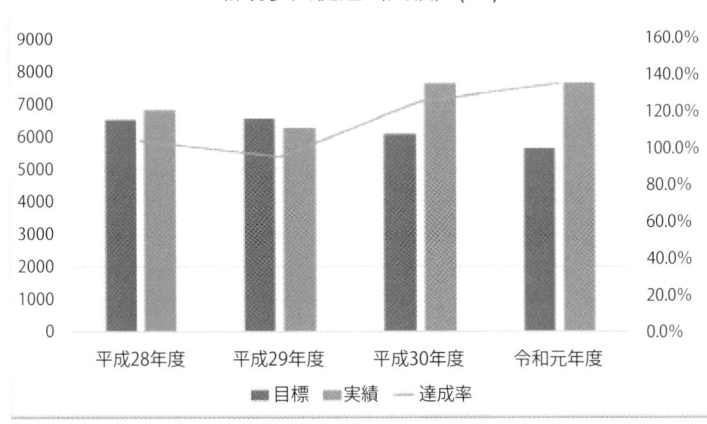

新規参入促進（経営体数）

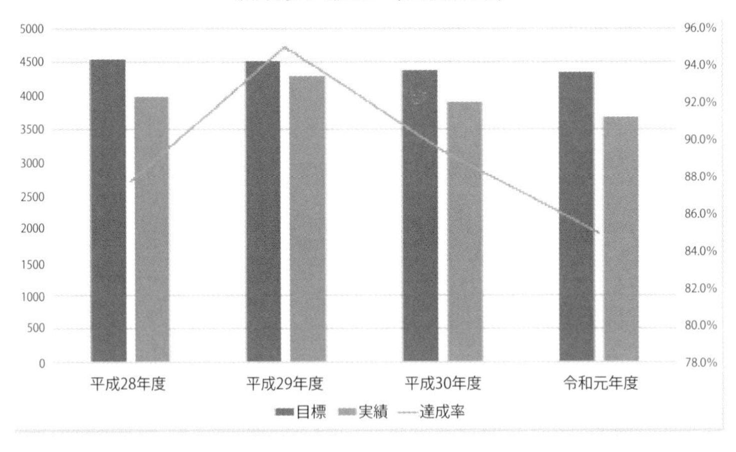

都道府県別担い手への農地集積率（令和２年度）

	令和2年度 耕地面積 (ha)	平成26年度 (ha)	平成27年度 (ha)	平成28年度 (ha)	平成29年度 (ha)	平成30年度 (ha)	令和元年度 (ha)	令和2年度 (ha)
北海道	1,143,000	87.6%	88.5%	90.2%	90.6%	91.0%	91.5%	91.4%
青森	149,800	48.0%	50.2%	51.4%	53.6%	55.1%	56.5%	57.6%
岩手	149,500	47.9%	49.4%	50.6%	51.9%	53.0%	53.4%	53.7%
宮城	125,800	48.8%	51.6%	54.5%	57.8%	58.9%	59.2%	60.1%
秋田	146,700	60.6%	64.6%	66.2%	67.8%	68.7%	69.3%	70.0%
山形	116,900	53.6%	60.2%	63.1%	64.8%	66.0%	66.4%	67.5%
福島	138,400	26.9%	30.2%	32.5%	33.6%	34.6%	36.1%	37.5%
茨城	163,600	24.5%	26.6%	29.3%	32.8%	34.2%	35.4%	37.1%
栃木	122,000	43.3%	47.4%	49.2%	50.7%	52.3%	52.7%	52.1%
群馬	66,800	30.2%	31.1%	32.0%	34.8%	37.2%	38.8%	40.3%
埼玉	74,100	24.2%	24.8%	25.6%	27.5%	29.3%	30.1%	32.0%
千葉	123,500	19.9%	20.6%	21.3%	23.0%	23.9%	25.2%	26.9%
東京	6,530	21.2%	21.1%	22.2%	23.2%	23.8%	24.3%	24.5%
神奈川	18,400	19.5%	17.7%	18.5%	19.3%	19.5%	20.0%	20.7%
山梨	23,400	17.1%	19.9%	21.1%	22.2%	23.2%	24.2%	26.0%
岐阜	55,500	30.7%	31.5%	32.7%	34.6%	36.2%	37.0%	37.8%
静岡	62,800	39.4%	40.3%	42.3%	42.9%	37.4%	38.9%	42.2%
愛知	73,700	31.7%	33.9%	34.1%	35.3%	36.9%	37.6%	40.0%
三重	58,000	30.1%	33.5%	33.6%	35.5%	37.9%	38.9%	41.6%
新潟	169,000	54.0%	58.2%	60.0%	61.5%	62.8%	63.9%	64.8%
富山	58,200	53.5%	56.0%	57.6%	60.0%	63.3%	65.0%	66.5%
石川	40,800	45.7%	51.3%	55.8%	58.3%	59.9%	61.2%	62.4%
福井	40,000	53.8%	57.5%	60.8%	63.8%	65.7%	66.7%	67.6%
長野	105,300	32.0%	34.0%	35.6%	36.5%	37.3%	37.6%	38.9%
滋賀	51,200	47.2%	52.3%	56.0%	58.1%	59.7%	62.1%	63.2%
京都	29,800	16.7%	17.8%	19.6%	21.1%	21.8%	22.3%	23.5%
大阪	12,500	8.8%	9.1%	10.5%	10.6%	10.9%	11.4%	11.7%
兵庫	73,000	19.5%	22.0%	22.4%	23.1%	23.4%	24.0%	24.5%
奈良	20,000	13.0%	14.0%	15.5%	16.2%	16.6%	17.5%	18.5%
和歌山	31,800	23.6%	24.3%	25.1%	26.2%	26.7%	28.1%	29.0%
鳥取	34,300	21.8%	24.5%	27.1%	29.3%	30.4%	30.9%	32.0%
島根	36,400	27.6%	30.3%	31.3%	32.3%	33.3%	34.2%	35.3%
岡山	63,600	19.8%	20.7%	21.6%	23.9%	25.0%	25.2%	25.3%
広島	53,500	19.2%	20.9%	22.1%	23.2%	23.9%	24.3%	25.1%
山口	44,900	24.6%	26.6%	27.5%	28.3%	28.8%	30.3%	31.5%
徳島	28,500	22.3%	22.8%	24.8%	25.6%	26.5%	25.3%	27.1%
香川	29,700	29.1%	30.5%	26.5%	27.8%	28.5%	28.1%	29.3%
愛媛	47,000	25.8%	27.4%	28.4%	29.8%	30.8%	31.8%	33.6%
高知	26,600	21.0%	21.4%	26.0%	31.4%	32.4%	32.1%	33.5%
福岡	79,700	44.6%	46.7%	49.7%	51.7%	53.4%	54.2%	54.6%
佐賀	50,800	69.1%	68.8%	68.6%	69.4%	71.3%	71.5%	70.8%
長崎	46,100	37.4%	39.6%	40.3%	41.2%	41.7%	42.5%	43.6%
熊本	109,100	44.5%	45.2%	45.2%	47.0%	48.2%	47.6%	49.8%
大分	54,700	33.8%	36.2%	38.2%	40.1%	41.3%	42.6%	43.4%
宮崎	65,200	45.8%	45.6%	46.2%	47.1%	48.7%	50.8%	53.6%
鹿児島	114,800	39.4%	42.0%	42.8%	41.6%	42.4%	42.5%	43.6%
沖縄	37,000	30.1%	29.8%	34.5%	20.2%	19.9%	21.9%	24.7%
計	4,372,000	50.3%	52.3%	54.0%	55.2%	56.2%	57.1%	58.0%

全国の集積率の推移

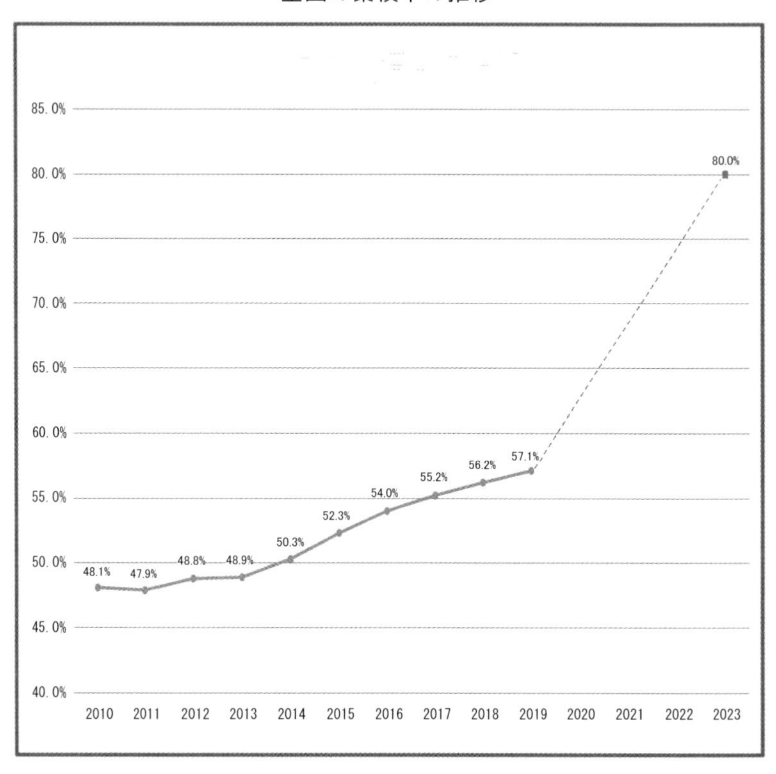

85.0%
80.0%
75.0%
70.0%
65.0%
60.0%
55.0%
50.0%
45.0%
40.0%
48.1%
47.9%
48.8%
48.9%
50.3%
52.3%
54.0%
55.2%
56.2%
57.1%
80.0%
2010
2011
2012
2013
2014
2015
2016
2017
2018
2019
2020
2021
2022
2023

2．改正農業委員会法施行５年経過の課題①（農地利用最適化の取り組み）

このように、農業委員会は平成28年度以来、組織を挙げて農地利用の最適化に取り組んできましたが、課題も明確になってきました。

全国農業会議所では令和２年10月に「改正農業委員会法５年後調査」を実施し、1,702の全農業委員会から回答を得ました。38～40ページのグラフと表は調査結果から明らかになった農地利用最適化の課題です。担い手に農地を集めようにも、遊休農地を解消しようにも、それぞれ８割、９割の農業委員会で担い手がいないという結果でした（①と②のグラフ）。衝撃的ですが、ある意味想定内でもあります。

③のグラフも驚くべき結果です。８割、９割の農業委員会が農地はあるが担い手がいないと答えているにもかかわらず、４割は新規就農者にあっせんする農地が少ないと回答しています。農地の需要と供給のミスマッチが明確に見て取れます。

④の表は、この５年間で全国1,103の農業委員会が120万戸の農家から約40万ha近い農地の出し手意向を把握していることを示しています。実に日本の農地の約９％に達しており、これを全て農地バンクが受け止めていれば集積率は約７割に達したことになります。しかし、農地の出し手がいても受け手がいないことを⑤のグラフが端的に示しています。これは、具体的な意向を実面積で積み上げた結果です。回答委員会数は限られていますが、令和元年度、２年度と約６万haの意向を積み上げても成約は１割程度であることが分かります。

そして⑥の表にみるように農業委員会と農地バンクの情報共有は必ずしも十分とは言えない状況です。改めて農業委員会と農地バンクの連携強化の必要性が強まっていると言えましょう。

改正農業委員会法施行５年経過の課題①（農地利用最適化の取り組み）

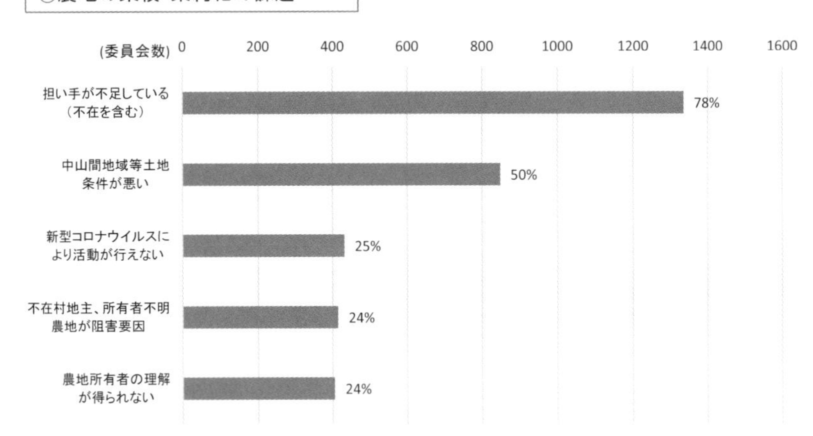

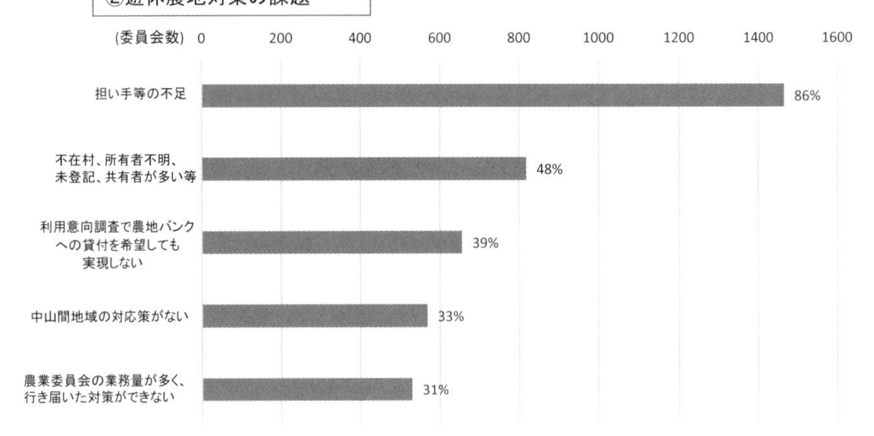

③新規参入対策の課題

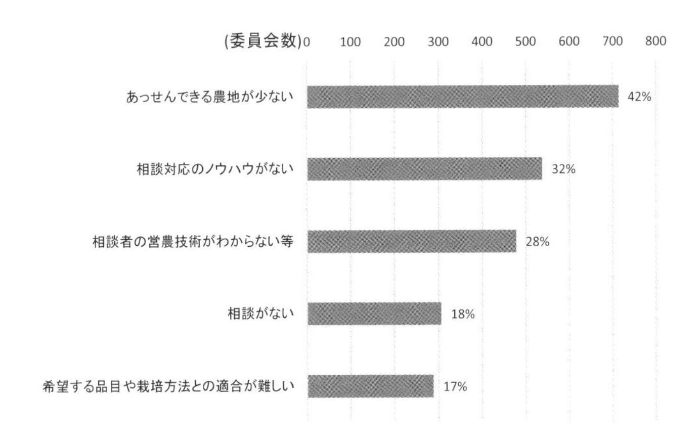

令和2年10月：全国農業会議所「農業委員会法改正5年後調査」より（※）

④意向把握の取り組み状況

意向把握調査実施委員会	1,103委員会
意向把握調査対象農家	1,225,602戸
貸付意向把握面積	398,547ha

平成２８年度から令和２年度の「農地利用最適化活動の進捗状況共有シート」の集計による

⑤貸付意向把握面積、借受意向把握面積と成約面積

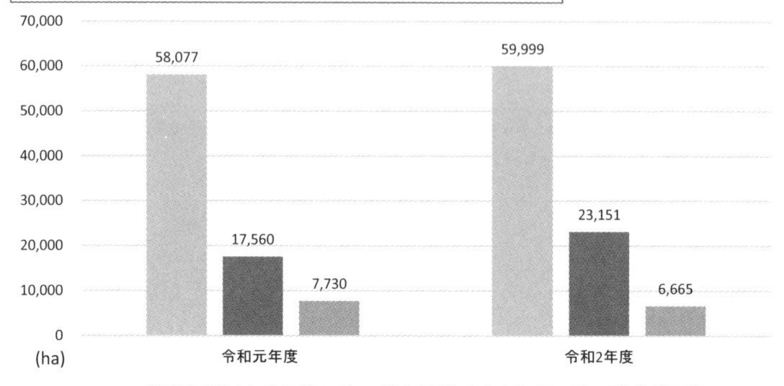

令和元年度、令和2年度：全国農業会議所
「農地利用最適化活動の進捗状況共有シート」より

※回答委員会：令和元年度780委員会、2年度477委員会
※「農業委員会法改正5年後調査」による意向調査実施委員会は1,515委員会

⑥農業委員会と農地バンクの情報共有の状況

農地バンクへ農地の情報の提供	508委員会	30%
農地バンクの借受希望者名簿の共有	278委員会	16%

全頁の※より

2．改正農業委員会法施行５年経過の課題②（農業委員会の運営と体制）

ここでは農業委員会の運営と体制について触れています。

42 ページのグラフと表は、新体制の委員数、すなわち改正後の農業委員と農地利用最適化推進委員の合計から、旧体制の農業委員数を差し引いた結果を示したものです。差し引き、改正前後で委員数が同数かむしろ減った委員会が４割程度に達しています。

そのため、農業委員と農地利用最適化推進委員がそれぞれ役割分担どおり活動していては農業委員会の業務が回らないため、推進委員が総会に出席したり、両委員で現場活動を実施したり、農業委員も担当地区を持ったりと、両委員が区別なく同じ活動を行っている農業委員会が多いことを示しています。

農業委員会の中には「推進委員にも議決権を持たせてほしい」「推進委員の設置を任意にしてほしい」との意見や要望が出されています。

改正農業委員会法施行５年経過の課題②（農業委員会の運営）

※4割近くの委員会では改正前の農業委員数と新農業委員と推進委員の数が同じか少ないため両委員一体、同様の活動を実施している。こうした委員会からは「推進委員にも議決権を持たせてほしい」「推進委員の設置を任意にしてほしい」との意見・要望が出されている。

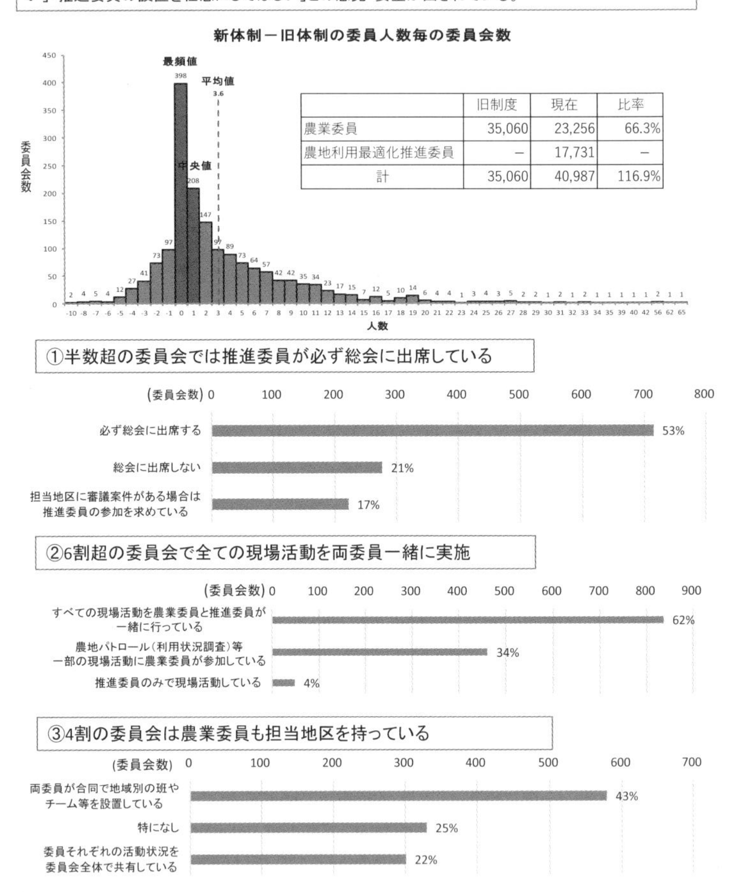

	旧制度	現在	比率
農業委員	35,060	23,256	66.3%
農地利用最適化推進委員	–	17,731	–
計	35,060	40,987	116.9%

Ⅲ．「農地利用最適化」をめぐる情勢

1．「人・農地など関連施策の見直しについて（取りまとめ）」と令和４年度概算要求の意味するもの・目指すもの
2．「人・農地など関連施策の見直しについて（取りまとめ）」について
3．規制改革推進会議の議論と閣議決定（令和３年６月18日）等までの経過

1.「人・農地など関連施策の見直しについて（取りまとめ)」令和４年度概算要求の意味するもの・目指すもの

平成 28 年度から農業委員会組織が農地利用の最適化に取り組むようになり５年が経過した現在、農地利用最適化をめぐる情勢は大きなせめぎあいの中にあります。それは、農業・農村の実態を汲み上げ・踏まえた動きと規制改革推進会議に代表されるような農業・農村に対するトップダウンの動きです。

農水省は令和３年５月に「人・農地など関連施策の見直しについて（取りまとめ)」を決定しました。今後は、令和４年１月に開かれる通常国会に関連法の改正法案を提出すべく令和３年秋を目途に検討を深めることとしています。

その内容は 45 ページの図のとおり、人・農地プランの法定化や農地バンクの貸借の運用の抜本見直し等、これまでの人・農地関連政策に大きく踏み込む内容であり、しかも相当程度、私たち農業委員会等の現場の要請を踏まえた内容となっています。「人・農地など関連施策の見直しについて（取りまとめ)」では図に記載しているような内容をしっかり法律改正に結び付けていく必要があります。

図の真ん中の枠「令和４年度農林関係予算概算要求」はこの見直しを先取り･推進する観点から要求されており、農業委員会関連予算も相当拡充･改善して要求されています。

そして、上から３つ目の枠の「農地利用最適化の課題解決」に記載のとおり、制度・法律と予算を作り込んでいくことにより、農地利用最適化に取り組んできた農業委員会の思いを実現し、本書の主題である新たな農地利用最適化に取り組んでいくということとなります。

「人・農地など関連施策の見直しについて（取りまとめ）」と
概算要求の意味するもの・目指すもの

農業・農村現場の実態、農委組織の提案を相当反映

人・農地など関連施策の見直しについて（取りまとめ）

担いへの農地集積→みんなで地域の農地を守る

①人・農地プランの法定化
10年後の農地利用・「目標地図(持続的農地利用計画・想定)」→農地バンクを活用して担い手、サービス事業体、兼業農家等地域全体で策定

②農業委員会が収集した農地情報等
農地バンクを軸に関係機関の役割分担を明確にして能動的な農地の権利関係の調整

③農地バンクによる貸借の運用を抜本的に見直し
①②を推進するため農地バンクが遊休農地を預かることの義務化等を検討

令和4年通常国会で法律改正を目指す

令和4年度農林関係予算概算要求

農地バンクによる農地集約化の加速、農業委員会による農地利用最適化の推進

○持続的経営体支援交付金（新規）
　人・農地プランに位置付けられた経営体等が持続的な経営を展開するために必要な農業機械・施設の導入を支援

○遊休農地解消緊急対策事業（新規）
　農地バンクが遊休農地を積極的に借り受け、簡易な整備を行った上で、担い手に農地集積・集約化する取組を支援

○最適土地利用対策
　地域の実情に応じた多様な土地利用を推進するため放牧等の粗放的な取組等を支援

○農地利用最適化交付金の大幅運用改善

○農業委員会へタブレットの配布　等々

満額確保を目指す

農地利用最適化の課題解決

①農地バンクが遊休農地を理由に農地を借り入れない
②農地バンクが借り入れない意向を示した農地を翌年も利用意向調査を実施

　等々の課題解決を目指す

→農業委員会の現場感覚に沿った政策の確立

意見の提出等への取組強化

2.「人・農地など関連施策の見直しについて（取りまとめ）」について

47ページの表は、農水省が5月25日に公表した「人・農地など関連施策の見直しについて（取りまとめ）」を整理したものです。ポイントは①、②、③、⑥の4つです。

①は、人・農地プランの法定化が明記されており、その際には中小規模の経営体に加え、半農半Xまで認定農業者と同様に位置付けると明記されています。

②では、「農業委員会が収集した農地情報」と特記され、農地バンクを軸に、農地の貸借を受け身ではなく能動的に取り組み、かつ、「農地バンクによる貸借の運用を抜本的に見直し」と記載されています。要するに、受け手がいない農地もバンクが積極的に引き受けられるようにすることを意味していると思われます。

③は注視が必要となる項目です。農地所有適格法人の議決権要件は、農業関係者の総議決権が2分の1超と規定されていますが、これをいろいろな要件を課すものの、「出資による資金調達を柔軟に行えるようにする」としています。これは議決権要件を緩和するということを意味しています。一般の株式会社の農地所有に門戸を開きかねない懸念があり、文中にあるように私たち農村現場の懸念をどのように払拭するかが大変重要な論点になるということです。

⑥は、放牧、ビオトープ、鳥獣被害緩衝地帯、蜜源等多様かつ持続的な農地利用を地域の話し合いを通じて提案できるようにするというものです。農業委員会組織では年来、担い手に集める農地だけではなく、そうではない農地等を含め、多様な農地利用を政策・制度に位置づけるべきと主

張してきましたが、それが踏まえられています。なお、ここで言う話し合いが①の人・農地プランの法定化とどのように関係があるのか、あるいは関係を持たせるのか等については明確にする必要があります。

「人・農地など関連施策の見直しについて（取りまとめ）」について
→農水省が令和3年5月25日に公表、令和4年通常国会で関連法改正を目指す

No	項目	ポイント
①	人・農地プラン	◇**人・農地プランの法定化検討** ◇**多様な経営体等**（継続的に農地利用を行う中小規模の経営体、農業を副業的に営む**半農半Xの**経営体など）を、**認定農業者等とともに積極的に位置付ける** ◇農地の集約化等地域が目指すべき将来図（**目標地図**）を作成
②	農地バンク	◇**農業委員会が収集した農地情報**等を踏まえ、農地バンク、都道府県、農業委員会、市町村等**ワンチーム**となって、**貸借等を進める能動的アプローチ**へ転換 ◇**農地の貸借を促進するルートは、農地バンクを経由する手法を軸**とし、農作業受委託も含め強力に促進する ◇**農地バンクによる貸借の運用を抜本的に見直し**
③	人の確保・育成（農業者による事業展開の促進）	◇**地域に根差した農地所有適格法人**が、地元の信頼を得ながら実績をあげ、さらに農業の成長産業化に取り組もうとする場合、**農業関係者による農地等に係る決定権の確保**や農村現場の懸念払拭措置を講じた上で、**出資による資金調達を柔軟に行える**ようにする。
④	持続的な農地利用を支える取組の推進（農作業受託）	農業支援サービス事業体について、プランに位置付ける
⑤	農村における所得と雇用機会の確保	◇中山間地域では地域の特性を活かした複合経営等の多様な農業経営を推進する ◇**農山漁村の担い手として半農半X等**多様な形で農山漁村に関わる者の**参入を促進**する
⑥	農地の長期的な利用	◇受け手のいない農地について①**粗放的管理など持続可能な利用**を図るために必要な施策②関係者が話合いを通じて地域の**土地利用を提案できる仕組み**等を検討
⑦	今後の進め方	◇令和４年の通常国会に必要な法律案を提出することを念頭に、年内に関連施策パッケージをとりまとめる

3．規制改革推進会議の議論と閣議決定（令和3年6月18日）等までの経過

規制改革推進会議は前身の規制改革会議が農業委員会法改正の契機となった議論をリードしてきたため、改正法施行後も後身の規制改革推進会議が毎年、農水省へのヒアリングを通じて農業委員会の取り組みをフォローしてきました。とりわけ令和2年度は改正農業委員会法施行5年後検証の年であり、年度内に3回、集中的に農業委員会の取り組みについて検証を行いました。

それは農業委員会に対して「エピソードではなく、データに基づくエビデンスを示せ」という観点からのものでしたが、36ページで見たように担い手への農地集積の進捗状況が捗々（はかばか）しくないことを踏まえ、成果重視から活動重視に視点が移動していることが伺えます。

そして政府は、規制改革推進会議の令和3年5月の首相に対する規制改革答申をほぼそのまま踏まえた閣議決定を同年6月18日に行いました。

その規制改革実施計画のうち農業委員会については49ページの表のように「農地利用の最適化の推進」の項目を設けて言及してます。そこでは、農水省は全ての農業委員会で農地利用最適化活動の目標を定め、活動内容を記録し、結果を農業委員会で評価の上、公表する仕組みを構築するとしています。

農水省は、これを踏まえ農業委員会宛の通知を令和3年度内に発出する予定です。そこには、農業委員会における最適化活動に係る意欲的な目標の設定、活動記録の徹底、点検・評価の実施等が盛り込まれることが想定されています。具体的には従来の農地利用最適化の成果目標（担い手への農地の利用集積・集約化、遊休農地に関する措置、新たな農業経営を営もうとする者の参入促進）に加え、新たに活動目標（活動量を示すものとし

て日数等が想定されています）の設定を求めてくることが考えられます。

また、担い手への農地集積の目標期限が令和５年に迫っていることを踏まえると、更なる目標設定の上積みを求めてくることも想定されます。

規制改革推進会議の議論と閣議決定（令和3年6月18日）等までの経過

当面の規制改革の実施事項	規制改革推進会議WG 農林水産省資料	閣議決定「規制改革実施計画」
令和２年12月22日	令和３年３月31日	令和3年6月18日
農地利用の最適化に関する農業委員会の活動についての詳細なデータに基づく貢献度合い	全ての農業委員会において最適化活動に係る活動量と成果について意欲的な目標を定める	農林水産省は、農業協同組合法等の一部を改正する等の法律（平成27年法律第63号）附則第51条第２項に基づき、全ての農業委員会で最適化活動に係る目標を定めるとともに、推進委員等が、毎年度、具体的な活動を記録し、農業委員会において評価の上、その結果を公表する**仕組みを構築する**

農林水産省経営局長通知（令和3年度中）

Ⅳ．「新たな農地利用最適化」へ

1．「新たな農地利用最適化」に向けて
2．「新たな農地利用最適化」を新たな運動で！
3．「新たな農地利用最適化（新運動）」における日常活動と目標設定に向けて
4．「新たな農地利用最適化」の取り組みの重点
5．「新たな農地利用最適化」で求められる具体的な活動

1.「新たな農地利用最適化」に向けて①

私たち農業委員会組織は改正農業委員会法の施行から５年間、農地利用最適化に組織を挙げて取り組んできました。規制改革推進会議があろうがなかろうが、農水省が言おうが言うまいが、農地利用最適化について新たな段階の取り組みを強化していかなければならない段階に農業委員会組織は差し掛かっている言えましょう。ただその場合、閣議決定された「規制改革実施計画」と農水省の通知はしっかり踏まえる必要があります。

その際、「新たな農地利用最適化」とは、53ページの図の３にありますように重点となる取り組みの三つに整理できます。すなわち、「１．農業委員・農地利用最適化推進委員一人ひとりの活動内容の見える化の確実な実施」「２．農地情報公開システムの日常業務での活用推進等」「３．農地利用最適化三つの課題への取り組み強化と成果の確保」の三つです。

一つ目の「農業委員・推進委員一人ひとりの活動内容の見える化の確実な実施」は、委員による日々の「農地の見守り活動」と「仲間への声掛け活動」が「新たな農地利用最適化」の起点となることを強調させてください。

そして、三つ目の「農地利用最適化三つの課題への取り組み強化と成果の確保」のうち、担い手への農地の集積・集約は、①管内農地の所有者等の意向把握の徹底、②農地バンクとの情報共有の推進、③能動的なマッチングの展開の３点がポイントになります。

1.「新たな農地利用最適化」に取り組む趣旨

①改正農業委員会法施行５年経過を踏まえ、農地利用最適化の５年間の取り組みの継続と、具体的な成果の確保を目指して新段階への取り組み（「農地利用最適化ver2.0」）を強化する。組織運動「地域の農地を活かし、担い手を応援する全国運動」の改訂に位置づけ実施する。

②「意向把握」＋「話し合い」→ 「意向把握」＋「話し合い」＋「マッチング」

③規制改革推進会議答申、実施計画及び農水省通知を踏まえた対応。

2. 規制改革実施計画とそれを踏まえた農水省の対応

規制改革実施計画（６月１８日）

最適化の目標設定、活動を記録、評価・公表

農水省通知（令和３年度中）

意欲的な目標設定＋活動記録簿＋点検・評価の徹底

3.「新たな農地利用最適化」の3つの取り組みの重点（令和3年5月18日都道府県農業会議会長会議）

１．農業委員・農地利用最適化推進委員一人ひとりの活動内容の見える化の確実な実施	①委員等の**年間の活動量目標の設定**と担当**地域の実態に応じた成果目標の設定**と点検・評価 ②委員による**日々の「農地の見守り」活動**と**「仲間への声掛け」活動**の徹底と記帳の励行 ③委員の**活動記録簿の記帳の徹底＝農業委員会活動の定量把握**
２．農地情報公開システムの日常業務での活用推進等	・農地台帳情報の最新化
３．農地利用最適化三つの課題への取り組み強化と成果の確保	１．遊休農地の発生防止・解消 ２．担い手への農地の集積・集約化 ①管内農地の所有者等の**意向把握の徹底** ②農地バンクとの**情報共有の推進** ③**能動的なマッチング**の展開

1．「新たな農地利用最適化」に向けて②

ここで申し述べることが、本書で一番強調したい内容です。活動の重点の一つ目に位置づけた「農業委員・推進委員一人ひとりの活動内容の見える化の確実な実施」に直結する内容だからです。

農地利用最適化とは12ページで記したように、要は「耕されている農地を、耕せるうちに、耕せる人につないでいく」ということです。

そのためには三つのステップの「担当地区を知る」、次に「地域の皆さんと話し合いをする」、そして最後に「農地の貸借・売買をあっせんする」という流れをもう一度確認して下さい。

そのうえで、「新たな農地利用最適化」において強調したいことは、“新たな”とは言いますが、何か新しいことを始めるということではないということです。「新しいのに新しいことをしない」とは何を言ってるんだと思うかもしれませんが、今やっていることを深掘りし、見える化することだとご理解いただきたいと思います。

具体的には、55ページの図の右側のかっこ（]）で示した取り組みのうち斜線をつけた活動を強化していただきたいと思います。また、吹き出しは44ページで記した農水省の「人・農地など関連施策の見直し」と令和4年度予算の概算要求を踏まえて取り組みが強化されるであろうことを示しています。

そのうえで、55ページの上の囲みで示した「農地の見守り」「仲間への声掛け」という日常の取り組みがこそが新たな「農地利用最適化」の起点であり、そして活動記録簿に記入する内容であることを本書で一番強調させていただきたいと思います。

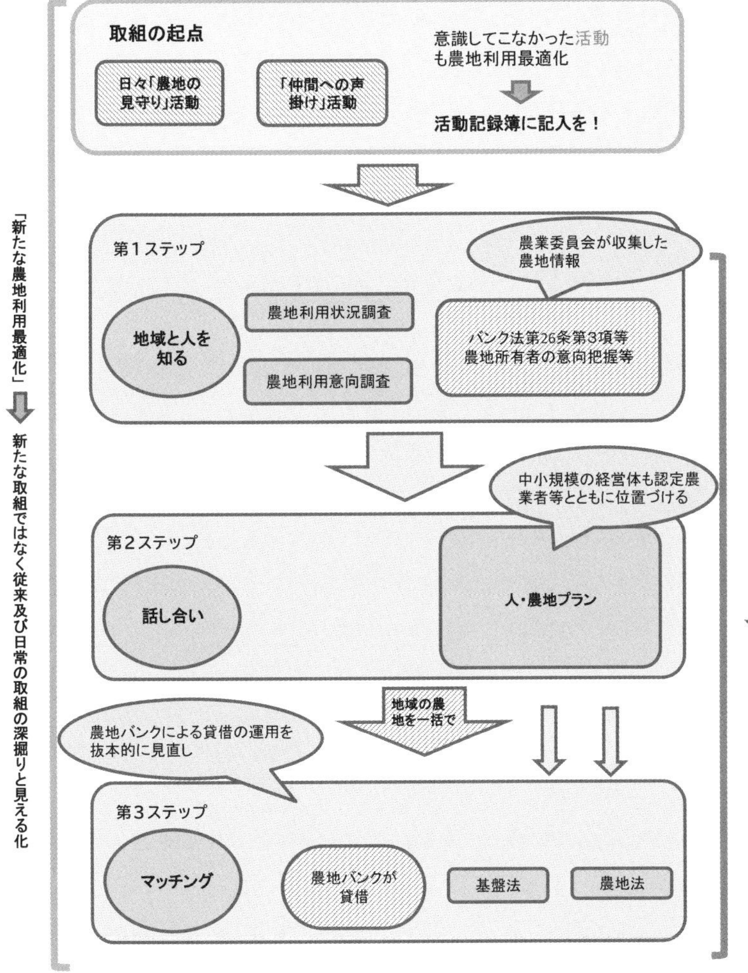
取組の起点
日々「農地の見守り」活動
「仲間への声掛け」活動
意識してこなかった活動も農地利用最適化
活動記録簿に記入を！
第1ステップ
農業委員会が収集した農地情報
地域と人を知る
農地利用状況調査
農地利用意向調査
バンク法第26条第3項等農地所有者の意向把握等
中小規模の経営体も認定農業者等とともに位置づける
第2ステップ
話し合い
人・農地プラン
地域の農地を一括で
農地バンクによる貸借の運用を抜本的に見直し
第3ステップ
マッチング
農地バンクが貸借
基盤法
農地法
「新たな農地利用最適化」
新たな取組ではなく従来及び日常の取組の深掘りと見える化
これまでの「農地利用最適化」
三つのステップ

1.「新たな農地利用最適化」に向けて③

その具体的な内容を58ページの図にまとめました。

新たな農地利用最適化の起点は日々の「農地の見守り」活動・「仲間への声掛け」活動であることにご留意願います。55ページで日常の「農地の見守り」活動・「仲間への声掛け」活動が「新たな農地利用最適化」の起点になると記したことを踏まえています。

58ページの上から二つ目の枠内に、従来の「農地利用最適化」を法律・制度に沿った活動と整理しました。それに対し、「新たな農地利用最適化」は日常・現場における営農活動・生活から始まる活動全般を含むということを強調したいと思います。

「農地利用最適化は３つのステップで」と述べましたが、最適化の活動は１分１秒で済んでしまうこともあれば、10年やっても成果が出ないなど、いろいろな側面がある多様な取り組みです。

①畦道歩いていたらＡさんに会い、来年からＡさんの田んぼを耕してほしいと頼まれた。これは、担い手への農地集積そのものです。所要時間は数分、数秒で終わるかも知れません。

②農業者年金加入の戸別訪問に施設栽培経営のＢさん宅を訪問した際、年金受給が間近の土地利用型経営のＢさんの父親が年金受給を機に農地を誰かに任せたいとのことだったので、農地バンクを介して認定農業者のＣさんに貸し付けることを進めた。これは担い手への農地集積です。

③朝、田んぼの除草に行く途中で○○に建築資材のようなものが置かれているのを見つけた。これは、農地パトロールです。

④（担当地区で一番遠い）ミカン畑で収穫されていない畑を見つけた。これは、遊休農地の発生防止・解消の契機となります。

⑤朝、田んぼに行く際、途中の農地の無事を確認した。これは、ほぼ毎

日のことです。委員が農地に行けば日々、農地の無事、異変を確認しています。地域によっては365日最適化活動を実施していると言えるのではないでしょうか。

一番下の枠内は民生委員の活動記録簿の実例ですが、「新たな農地利用最適化」を考えるうえで示唆に富んでいます。①スーパーマーケットで高齢者のＡさんに会い「お元気ですか？」と声掛けをしたら訪問連絡活動、②夜、高齢者のＢさん宅に灯りが点いているので無事を確認したら活動日数にカウント、③見守り対象のＣさんの葬儀に出席したら行事・事業・会議への参加･協力として皆１日にカウントです。民生委員は「人を見守り・声掛け」するのなら、農業委員会は「農地と人を見守り・声掛け」をしているということです。

このように農業委員会の農地利用最適化の活動は日常的に行われており、昼夜を分かたず取り組まれています。そしてそれは、農業経営の傍ら取り組まれていると言えましょう。委員の日常の営農活動、生活が農地利用の最適化の起点であることを何度も強調させていただきます。

このことは、農地利用最適化の活動は農業者にしか成しえないことを象徴的に示していると言えます。一部から農地利用最適化の活動を民間の不動産業者やデベロッパーに任せたら良いとの意見が時々出てくることがありますが、あり得ないと言えましょう。

新たな農地利用の起点は日々の「農地の見守り」活動・「仲間への声掛け」活動

従来の「農地利用最適化」：法律・制度に沿った活動

「新たな農地利用最適化」：日常・現場における営農・生活から始まる活動全般

①畦道を歩いていたらAさんに会い、来年からAさんの田んぼを耕してほしいと頼まれた（担い手への農地集積）

②農業者年金の加入促進で施設栽培経営のBさん宅を訪問した際、年金受給が間近の土地利用型経営のBさんの父親から、年金受給を機に農地を誰かに任せたいとのことだったので農地バンクを介して認定農業者のCさんに貸し付けることを進めた（担い手への農地集積）

③朝、田んぼの除草に行く途中で○○に建築資材のようなものが置かれているのを見つけた（農地パトロール）

④（担当地区で一番遠い）ミカン畑で収穫されていない畑を見つけた（遊休農地の発生防止・解消の契機）

⑤朝、田んぼに行く際、途中の農地の無事を確認した（**委員が農地に行けば農地の無事、異変を確認**）

①スーパーマーケットで高齢者のAさんに会い「お元気ですか？」と声掛けをした（訪問連絡活動）
②夜、高齢者のBさん宅に灯りが点いているので無事を確認した（活動日数にカウント）
③見守り対象のCさんの葬儀に出席した（行事・事業・会議への参加・協力）

民生委員の活動記録簿記入の手引きより抜粋

人を見守り・声掛けするのが民生委員なら、**農業委員会は農地と人を見守り・声掛けをしている！！！**

1．「新たな農地利用最適化」に向けて④

新たな農地利用最適化の必須の取り組みとして、活動記録簿にしっかり記入しましょうと述べましたが、「新たな農地利用最適化」においてはますます重要であることを強調させていただきます。

具体的には60ページのようなイメージです。従来の記録簿には斜線で示した部分のようなことしか記載されていないものが残念ながら多かったようです。ある意味当然で、農業委員会から会議に出席してほしいとか、○○をやってほしい等と求められた場合に、委員としてそのことを記載しているわけです。

農地の見守りや仲間への声掛けについてもそれぞれ示していますが、このような日常的なことをどんどん書いて、「農業委員会はこんなにやってるぞ」ということを見せていきたいものです。

「新たな農地利用最適化」における「農地の見守り活動」と「仲間への声掛け活動」の内容と活動記録簿への記入例

月日	活動日数	活動内容
9月1日	○	農業委員会事務局と打ち合わせをした
9月3日	○	人・農地プランの話し合いに向け集落の○人を戸別訪問し参加を呼び掛けた
9月3日		戸別訪問をする○さん、○さんに電話をかけ日程調整をした
9月3日		情報交換会（飲み会）で○さんから農地を貸したいとの意向を確認した
9月5日	○	農業委員会の総会に参加した
9月7日	○	畦道を歩いていたら○さんに会い、来年から○さんの田んぼを耕してほしいと頼まれた
9月10日	○	朝、田んぼに行く際、途中の農地の無事を確認した
9月11日	○	事務局から「担当地区の○さんが農地を借りたいので確認してほしい」と言われたため○さん宅を訪問した
9月11日		事務局へ○さんの意向を電話で伝えた
9月12日	○	朝、田んぼに行く際、途中の○○の畑に建設残土のようなものが搬入されていた
9月12日		建設残土の件を事務局の○に電話で連絡した
9月12日		担当地区の農業委員の○さんと打ち合わせをした
9月13日	○	9月19日に予定されている人・農地プランで配布する資料を作成した
9月15日	○	○市で開催された新規就農フェアに参加した
9月17日	○	担当地区の農地の現地確認を実施した
9月19日	○	人・農地プランの話し合いに参加した
9月20日	○	9月19日プランの話し合いの取りまとめをした
9月22日	○	○さんを戸別訪問した
9月24日	○	○さんが自宅に来て後継者への経営継承の話をした
9月26日	○	農業会議の○さんと利用権交換について打ち合わせをした
9月28日	○	○さんから電話で農地バンクの相談を受けた
9月30日	○	活動記録簿の整理をした
-	17日	22件

活動日数≠時間
→活動をした日にち
（出役のイメージ）

（斜線）従来の記録簿に多い例
（薄い網掛け）農地の見守り活動
（濃い網掛け）仲間への声かけ活動

2．「新たな農地利用最適化」を新たな運動で！

農業委員会ネットワーク機構である都道府県農業会議と全国農業会議所は、「新たな農地利用最適化」を進めるために新たな全国運動を立ち上げて取り組むことを令和３年10月14日の都道府県農業会議会長会議で申し合わせました。

その内容は62ページの図で示したように、令和３年度を期限として取り組んでいる現在の「地域の農地を活かし、担い手を応援する全国運動」の後継運動と位置づけ、４つの柱を据えて行うこととしました。

すなわち、①意欲的な目標設定、②日常活動を起点とした活動、③記録簿の記帳と集計・点検・評価、④「人・農地プラン」による農地利用最適化の推進です。

新たな運動について全国農業会議所は現在（令和３年10月）、令和４年２月開催予定の都道府県農業会議会長会議で運動の要領を決することを想定しています。そしてそれに先立ち、令和３年12月２日開催予定の全国農業委員会会長代表者集会において運動の考え方や方向性について明らかにしていく予定です。

「新たな農地利用最適化」を新たな運動で！

農業委員会組織は令和３年度まで「地域の農地を活かし、担い手を応援する全国運動」に取り組んでいる。改正農業委員会法施行５年を踏まえ、「新たな農地利用最適化」の取り組みを徹底するため、地域の農業者及び広く国民に訴える「新たな運動」を展開してはどうか

（1）運動のコンセプト

農地利用最適化の取り組みをとことん追及するためには地域の人々の理解と協働なくして成し遂げることができないため、日常活動を起点とした農業委員会活動の見える化を徹底する

（2）運動の４本の柱

①意欲的な目標設定	②日常活動を起点とした活動	③記録簿の記帳と集計・点検・評価	④「人・農地プラン」による農地利用最適化の推進
全国全ての農業委員会で委員会の実情に応じた意欲的な目標を設定し、目標に沿った活動の進捗管理を徹底し必達を目指す。	農地利用最適化活動について農地の水回わり等のような「農地を見守る活動」や仲間の農家等の声に耳を傾ける「仲間への声掛け活動」のような日常活動が起点になることを確認し取り組むこととする。	全ての委員が農地利用最適化の取り組みを活動記録簿に記帳し、定期的に集計・点検・評価し活動の強化に資するとともに対外的に公表し地域の農業者等の農地利用最適化活動並びに農業委員会活動への周知と理解の増進に努める。	農業委員会は法定化された「人・農地プラン」の策定・決定に関与して農地バンクを活用し、５年後、10年後の地域の農地の持続的な利用に向けた取り組みを推進する。

3.「新たな農地利用最適化（新運動）」における日常活動と目標設定に向けて

「新たな農地利用最適化」の最大の柱は委員会活動の見える化であり、そのためには農業委員会活動目標の設定が起点となることをこれまで述べてまいりました。改正農業委員会法の施行から５年を経て、依然農業委員会組織の中に「最適化の活動にどう取り組んでよいか分からない」という声や組織の外からは規制改革推進会議のように「活動が見えない」との指摘があります。

このような疑問や批判を払拭するためにも自らの活動を明確にし、一定の活動日数を目標に立て、それを実行していく取り組みが必要となっています。そのことにより地域や周囲に農業委員会の活動に対する理解と浸透が深まり、最適化活動の成果が確保されることにもつながります。

活動目標を設定する際には、60ページの活動記録簿の記入例で触れたように法律・制度及び事業や農業委員会事務局からの要請を受けて実施する事項だけではなく、それに付随する取り組みもカウントすることが重要です。

65ページの図にあるように「人・農地プラン」の話し合いに参加するためには、それに付随、波及する業務が数多くあります。また、農地を１枚動かすには11の手間がかかるとの指摘もあり、農地の移動が多い農業委員会では相当の活動量・日数が計画段階から積み上がることにご留意ください。このようなことを積み上げていけば活動日数は軽く365日を超えてしまうことも想定され、取り組みの絞り込みが必要となります。

一方、農業委員会の中には年間を通じて１件も農地の移動がないところもあります。そのような地域では農地利用最適化の活動と言ってもなかなかこれまでは困難であったことと拝察します。

しかし「新たな農地利用最適化」においては図の下から二つ目の枠内の３～５にあるような活動を最低月に１回行うことを起点に、１のような農地の見守り活動を週に１回程度丁寧に行えば、それに付随して農家への声掛け活動も派生し、一月当たり概ね10日程度は活動目標日数が積み上げることが可能であるかもしれません。

こうしたことに取り組むことにより地域や農業委員会の周辺に「農業委員会が動き出したぞ」と思ってもらえればしめたものです。そこから農地利用最適化活動が派生していくことになるでしょう。

「人・農地プラン」の話し合いは1日では済まない

A県農業会議の記入例

1.農家アンケート調査関係の活動
2.アンケート以外の農家意向確認活動
3.プラン話し合い（進行、話題提供、報告、他）
4.農地地図の作成関係の活動
5.プランに関する利用権設定等の調整
6.プランの見直し・更新
7.上記以外のプランに関する活動

①事務局や委員同士の打ち合わせ
②参加者募集の声掛け
③誘い合わせ
④会場設営の準備
⑤参加後の取りまとめ
⑥話し合いを踏まえた関係者との総括
⑦今後の対応に向けた話し合い等

副次的な活動で構成

農地１枚動かすのに１１の手間

B、C県の事例

１．農地の出し手との相談
２．農地の出し手との相談結果を事務局へ連絡
３．農地の受け手との相談
４．農地の受け手との相談結果を事務局へ連絡
５．農地の出し手、受け手の資産状況をＪＡに問い合わせ
６．現地調査
７．８．両者の顔合わせのための連絡
９．両者の顔合わせ
１０．あっせん委員会
１１．総会

年間を通じて農地の移動が皆無、農家数の激減、農地条件の劣悪さから農地利用最適化活動の気運がないとの指摘がある地域

１．自分の圃場までの行き来と経営圃場における農地の見守りを週に１回程度丁寧に実施
２．月に複数回、担当地域内の農家等への声掛けを励行する
３．月に１回程度、担当地域の農地の見守り活動（農地パトロール）を実施する
４．毎月１回は事務局との打ち合わせを定例化する
５．毎月１回は担当地区の委員同士の顔合わせを行う
６．月末に活動記録簿等の整理点検を行う

農地利用最適化の気運が低調な地域では上記３～６の取り組みを月例化し日々圃場に行く際の①の取り組みを週１回程度丁寧に実施し、その際もしくは加えて②の取り組みを地域の農業者に働きかけることから、地域の農業者に農業委員会が農地利用最適化に取り組んでいることを周知いただき、徐々に地域全体で農地を活かしていこうという気運を醸成する取り組みを行ってはいかがか

4．「新たな農地利用最適化」の取り組みの重点①

（1）農業委員・農地利用最適化推進委員一人ひとりの活動内容の見える化の実施

ここからは「新たな農地利用最適化」の三つの重点について触れていきます。

下の図は重点のうちの「農業委員・農地利用最適化推進委員一人ひとりの活動内容の見える化の実施」です。

取り組みの柱を、①委員等の年間の活動日数目標の設定と担当地域の実態に応じた成果目標設定と点検・評価、②委員による日々の「農地の見守り活動」と「仲間への声掛け活動」の徹底と記帳の励行、③委員の活動記録簿の記帳の徹底＝農業委員会活動の定量把握の３点に整理しています。年度内に発出が予定されている農水省通知との整合性を図る観点での対応が重要です。

農業委員・農地利用最適化推進委員一人ひとりの活動内容の見える化の実施

1．委員等の年間の活動日数目標の設定と担当地域の実態に応じた成果目標設定と点検、評価

2．委員による**日々の「農地の見守り活動」と「仲間への声掛け活動」**の徹底と記帳の励行

①家と圃場の往復時の気づき→「農地異常なし」もしくは「違反転用の発見」、「遊休化の兆し発見」等
②往来で行き会う人々との会話→意向等把握の契機

3．委員の**活動記録簿の記帳の徹底＝農業委員会活動の定量把握**

①活動記録簿記帳の徹底→「農地の見守り活動」と「仲間への声掛け活動」の記帳
→家と圃場の往復、人々との会話も記帳対象です！
②活動記録簿の集計・分析により委員同士、事務局及び関係機関における情報共有見える化の実施
→タブレット導入視野に農業委員会業務・事務の軽減・効率化

※通知との整合性確保の観点＋予算の拡充、運用改善（農地利用最適化交付金の運用改善）とセットで

4．「新たな農地利用最適化」の取り組みの重点②

（2）農地情報公開システムの日常業務での活用推進等

下の図は活動の重点のうちの２番目「農地情報公開システムの日常業務での活用推進等」です。ここでは、農地台帳の情報の最新化に努めるの一言に尽きます。

農地情報公開システムの日常業務での活用推進等

１．全農業委員会での日常活動における利活用に取り組む➡農地台帳情報の最新化
　農地情報公開システムの利活用促進については、組織運動に位置付けて取り組んでいるところ。令和２年度末時点で全国で４割の農業委員会が利用。今後は農地情報公開システムのデータの最新化を図った後、利用促進を強化していく。

２．ＤＸ進展による「農林水産省地理情報共通管理システム」への遺漏のない移行対応
　農林水産省地理情報共通管理システムは農水省自らが実施主体となり、現在、開発・検討中。農地情報公開システムは同システムの一部として農業者に向けた農地情報の有効的な提供を想定した機能となる予定。

4.「新たな農地利用最適化」の取り組みの重点③

（3）農地利用最適化三つの課題への取り組み強化と成果の確保

活動の重点のうちの3番目「農地利用最適化三つの課題への取り組み強化と成果の確保」ですが、70ページの図のタイトルから矢印で示しているとおり農水省「人・農地など関連施策の見直しについて」の検討と連動した取り組みが重要です。

ここでは、遊休農地と担い手への農地の集積・集約化について整理し説明します。

遊休農地については、①既存遊休農地の解消、②新規発生遊休農地の解消、③遊休農地の発生抑制の3点に取り組んでおり、令和3年度の農地利用状況調査から、再生可能な遊休農地を荒れ具合に応じて「緑区分」と「黄区分」に分類することになりました。「緑区分の遊休農地」については草刈り程度で解消できるということですので、農業委員会が軸となって出役しての解消作業を行うこと等も想定されます。「黄区分の遊休農地」は圃場整備が必要とされるわけですから、そこに向けた関係機関、地域での話し合いにより事業着手を目指す活動が想定されます。

担い手への農地の集積・集約化は、⑴管内農地の所有者等の意向把握の徹底、⑵農地バンクとの情報共有推進、⑶能動的なマッチングの3点に整理しました。

⑴管内農地の所有者等の意向把握の徹底については、今使われている農地の意向把握ですが、16ページに記載のとおり、令和元年の中間管理法の改正で法律に根拠を規定した項目ですが、それ以前からの運動的取り組みで、39ページの表にあるように、改正法施行の平成28年から昨年まで

に全国１千超の農業委員会で実に40万haの農地の「売りたい」「貸したい」意向を積み上げています。この実績が45ページで「農業委員会が収集した農地情報等」と記載され、今後の「人・農地など関連施策の見直しについて」の重点に掲げられたわけですので、その取り組みを強化するということです。その方法は戸別訪問、アンケート調査を問いません。

⑵農地バンクとの情報共有については、70ページの図の２の⑵に記載のとおりです。農地バンクの「借り手情報はたくさんあるのに（農業委員会からの）貸し手情報が少ない」との声に終止符を打たなければなりません。情報共有に務めましょうということです。

「人・農地など関連施策の見直しについて」で「農地バンクの貸借の運用を抜本的に見直す」と記載されたことを実現させるためにも、農業委員会が収集した意向をしっかり農地バンクと共有することを着実に取り組みたいものです。

農地利用最適化三つの課題への取り組み強化と成果の確保

「人・農地など関連施策の見直しについて」検討と連動

1．遊休農地の発生防止・解消

①既存遊休農地の解消：「緑区分の遊休農地」「黄区分の遊休農地」
②新規発生遊休農地の解消
③遊休農地の発生抑制

「農地バンクによる貸借の運用を抜本的に見直し」と連動→遊休農地解消緊急対策事業（令和４年度概算要求）

2．担い手への農地の集積・集約化

（1）管内農地の所有者等の意向把握の徹底

①今使われている農地の意向調査の徹底と貸し出し希望情報管理・補正（新たな成果項目として位置づけ目指す）
→「人・農地プラン」の法定化、「目標地図」の基礎 → **農業委員会が収集した農地情報**
→農業者を戸別訪問、アンケート調査等により情報収集、全国データベースに登録

※「農地利用最適化活動の進捗状況共有シート」（平成28年～令和2年度）→1,103委員会、意向把握対象農家：1,225,602戸、貸付意向把握面積398,547ha

（2）農地バンクとの情報共有推進

「農地バンクによる貸借の運用を抜本的に見直し」と連動

①農地バンク「借り手情報はたくさんあるのに（農業委員会からの）貸し手情報が少ない」？に終止符を

（3）能動的なマッチングの展開（72ページ参照）

⑶能動的なマッチングの展開は72ページの図を参照してください。

農地利用最適化のゴールはマッチングです。農地法でも農業経営基盤強化促進法でも農業委員会は農地の利用関係の調整をすると明記されています。すなわち売買・貸借をあっせんする、マッチングするということです。

しかし法律では現状、農地の所有者、利用者からの申し出があってから農業委員会は動くと規定されています。受け身になっているわけです。これを関係機関がワンチームになって能動的に行うということです。その起点に農業委員会がなりたいものです。最終的には現在進められている人・農地関連施策の見直しで法律改正に反映される必要がありますが、当面は組織運動で実践を積み上げていきましょう。

その際、農地バンクの貸借運用を抜本的に見直すということと直結すると思いますが、地域の全農地を一括で農地バンクに貸し出す取り組み（地域まるっと中間管理方式）に注力することが重要であることを強調させていただきます。人・農地プランの法定化や地域の話し合いで遊休農地も含めて地域の守るべき農地を明確にし、農地バンクに預けて面整備をしたり、担い手等の持続的に農地を利用してくれる人への方向付けをするということが、今後の農地利用最適化の主流になっていくだろうという問題意識です。

その際付言したいのは、委員自ら農地中間管理事業を活用することを検討していただきたいということです。近年、農地バンクの活用実績を上げている農業委員会の中に「農家に農地バンクの活用を勧めるためには、まずは自ら活用してみよう」と実際に使ってみたら、農地中間管理事業が意外に取り組みやすかったという実感を持ち、そこを起点に事業を進めて成果を上げている農業委員会があるということです。「習うより慣れろ」と言うことでしょうか。

能動的マッチングの展開

 関係機関がワンチームとなって貸借等を進める能動的アプローチ

①**地域の全農地を一括で農地バンクに貸し出す取り組み**（「地域まるっと中間管理方式」に注力）
②人・農地プラン実質化済み地区や貸付意向把握時に迅速にマッチングを図る
③農地バンクを活用した、担い手の利用権交換による集積から集約化を進めるための取り組みの推進
④市町村、ＪＡ（農協）等と連携した農地バンクへの中間管理権の設定とそこでの研修・就農の推進

委員自らバンク事業を活用することの検討＝成果の出た市町村に多い取り組み

(参考）地域まるっと中間管理方式とは？

集落の全農地を農地バンクに貸し出すこと。

所有者不明農地については農業委員会の探索公示手続き、知事裁定制度を活用する

① 農地の利用権が持てる<u>一般社団法人</u>を立ち上げる。

② 法人が集落の全農地を農地バンクから借り受ける。

地域の担い手も自作希望農家も法人の構成員になり、地域のみんなで農地を守る意識を持ち続ける。

③ 当面自作を希望する農家と「特定農作業受委託契約」を締結する。

●メリット●

耕作できる間は自作を続け、できなくなった場合、法人に農地を戻して、地域として耕作を継続する。

5．「新たな農地利用最適化」で求められる具体的な活動

最後に、これまで述べてきた「新たな農地利用最適化」で農業委員会に求められる具体的な活動を先行事例を踏まえて説明します。

「農地利用最適化」は『耕せる農地を、耕せるうちに、耕せる人へつないでいく』取り組みです。この取り組みの起点は、今後、耕し続ける農地とそうではない農地、すなわち残すべき農地の見極めです。これは、農業者の代表機能を持つ農業委員会にしかできないことです。

残すべき農地が明確になれば、より一層、農地バンクの活用が必須となってきます。農地中間管理事業は農業委員会の業務と思い定める位の状況になってくるでしょう。農業委員・推進委員は、自ら率先して事業を活用し、地域の農家にその活用を促していく必要があることに留意してください。

こうした状況を踏まえ、「新たな農地利用最適化」で求められる具体的な活動五つを表のとおり整理しました。これらを参考に、地域の実情に応じて実践していただければと思います。

一つ目は、担い手がある程度存在する地域では、人・農地プランで明らかになった中心的経営体に農地を集積していくことです。

二つ目は、集積が相当程度進んだ地域では、担い手同士による農地の交換を農業委員会等地域の機関がその話し合いの場を設定し、進めることです。

三つ目は、地域に担い手がいない場合の活動です。今後はこのような地域が全国的に増加することが不可避と考えられますので、難しい取り組みですが、農業委員会活動の柱に据えてかかる覚悟が必要となってくるでしょう。

その一つが新規就農者を誘致、営農を軌道に乗せる等の支援です。新規就農の取り組みは農業委員会が単独で取り組むことは稀有で、市町村、JA、普及センター等の関係機関・団体がワンチームとなって取り組む必要があります。

その際、農業委員会の取り組みは地域の実情に応じて多岐にわたることが想定されますが、いずれにしても新規就農者へ農地のあっせんをすることは必須です。多くの農業委員会で「空いている農地はあるのに、あっせんする農地がない」というミスマッチに悩まされていますが、地域が一丸となって課題を克服していく必要があります。

四つ目は、地域外の担い手を誘致することです。これは農業者ばかりでなく、企業の参入支援も該当します。地域外の担い手の参入と地域における融和に配慮いただきたいものです。

五つ目は、以上のような取り組みが困難な地域、もしくは上記の四つの取り組みが可能な地域でも、今後は地域の農地を一旦農地バンクにすべて貸し付ける取り組みを真剣に検討していく必要があるということです。当面は農地所有者に自分の農地が貸し付けられる、いわゆる自己戻しも含めて地域の農地全てに中間管理権が設定されていれば、不測の事態が生じても地域での調整が容易になります。

現在、政府は人・農地プランの法定化について検討を進めてますが、その際にはこのような取り組みを用意にする措置が含まれていることが想定されます。

以上が「新たな農地利用最適化」において農業委員会に求められる取り組みです。くどいようですがその起点となるのが「農地の見守り」と「仲間への声掛け」の二つの活動であり、農業者である委員の日常の営みであるということです。

縁あって農地を父祖から受け継ぎ、縁あって農業委員・農地利用最適化推進委員に就任された委員の皆さま、これから「新たな農地利用最適化」に取り組み、可愛い子孫に美田（畑）を残す取り組みに注力して頂きたいと思います。

「新たな農地利用最適化」で求められる具体的な活動

1．守るべき農地の明確化	・守るべき農地を積極的に明確化		事例1　京都府福知山市農業委員会
2．農地バンクの活用	・委員が率先して農地バンクを活用することから始める		事例2　静岡県小山町農業委員会
3．地域の状況に応じた農地の利用調整・マッチング	（1）地域に農地の受け手がいる	①プランの中心経営体を軸とした農地の集積・集約 ②担い手同士の意見交換による農地の集約	事例3　長野県南箕輪村農業委員会 事例4　山形県鶴岡市農業委員会
	（2）地域に農地の受け手がいない	①新規就農者を積極的に誘致 ②地域外の担い手を誘致	事例5　宮崎県宮崎市農業委員会
	（3）地域全体が将来の農地維持に不安	◎地域全体の農地を農地バンクへ一括して貸し出す	事例6　愛知県豊川市農業委員会

事例1　守るべき農地を地図で明確化

京都府福知山市農業委員会
（全国農業新聞　令和2年9月25日号より）

（背景）
○高齢化率50％超の山間地域
○集積の効果が薄く、集落営農法人ではすべての農地を引き受けられない状況にあった

（取り組みのポイント）
○守るべき農地の地図作りを実施
○利用状況調査の結果と中山間直接支払・多面的機能支払の協定対象農地で判断
○「守るべき農地」
不作付け地や未整備地は栗園にする等、農地としての利用方法を検討
○「それ以外の農地」
耕作できなくなれば山に返す方針

農業委員会ネットワーク通信　農地を活かし担い手を応援する

「川合がいつまでも川合であるために」

山間地域の営農体制づくりを推進

将来、地域と農業をどう維持していくか――住民の高齢化率が50%を超える山間地域、福知山市三和町川合地域（6集落・273戸）では、農地利用最適化推進委員と農業委員が先頭に立って地域農業と集落の維持に奮闘。集落営農法人の設立から11年が経過した今、「守るべき農地」の明確化と「人材の確保」対策を戦略的に進めている。

京都 福知山市農業委員会
土佐祐司推進委員 小原一泰農業委員

(農)かわい設立時に代表を務めた小原委員（左）と、現代表の土佐委員

「守るべき農地」を明確化

2009年当時、農区長を務めていた同市農業委員会の土佐祐司推進委員と小原一泰農業委員は、地域に呼びかけて、地域農業の受け皿となる㈱かわいを設立。現在、水田25㌶(320筆)を預かっているが、1筆平均10㌃未満の川合地域では農地を集積しても作業効率が上がらず、すべての農地を引き受けられないジレンマを抱えている。

そこで、土佐委員の提案で、昨年から、将来にわたって「守るべき農地」を峻別（しゅんべつ）するための地図づくりを開始。集落の農区長の協力を得て、農業委員会が行う利用状況調査の結果と中山間直接支払・多面的機能支払の協定農地を重ね、集落ごとに1枚の地図に表示した。

守るべき農地の地図

「この地図があれば、農区の役員が交代しても集落の現状を共有し、話し合いを積み重ねられる」と土佐委員はその意義を強調する。

「守るべき農地」は、現況が不作付けや未整備田でも栗園にするなど幅広い視野で利用方法を工夫。直接支払制度を活用して徹底して守る一方、それ以外の農地は耕作できなくなれば山に返すというもの。

今後、この地図を農振地域の線引き見直しに反映させる他、京力農場プラン(人・農地プラン)の実質化の話し合いにも活用していく考えだ。

積極的に移住者受け入れ

地域農業や自治会活動に関わる人材確保が難しいため、移住者の受け入れにも力を入れている。

土佐委員が代表を務める「川合地域環境保全活動協議会」では、市や府と連携し、移住希望者向け〝お試し住宅〟を整備。「季節を感じながら、それぞれのなりわいで暮らす」をキャッチフレーズに〝地域のために活動する仲間〟を募集している。

「農業だけで生計を立てるのは難しい地域だが、川合に魅力を感じ、半農半Xで地域に関わってくれる人に来てほしい」と土佐委員。農業に関しては、㈱かわいがオペレーター登録者への農機の貸し出しや技術指導などで応援する。

これまでの移住者のうち3人が㈱かわいの従業員となり、地域農業の新たな担い手として定着した。

独居高齢者世帯の増加、自治会活動や農業の担い手の減少など厳しい状況でも、両委員が20年間進めてきた活動が着実に実を結びつつある。

事例２　委員が率先して農地バンクを活用、理解を深め地域で展開

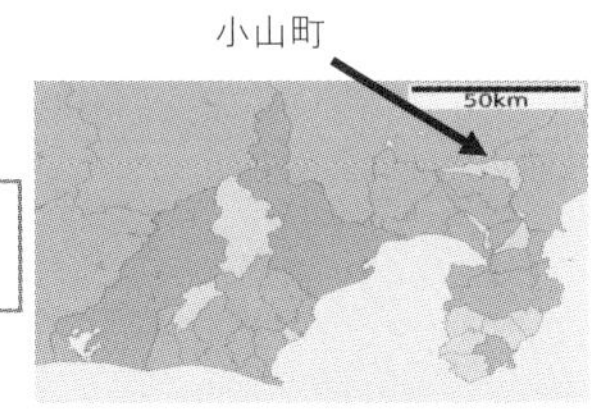

静岡県小山町農業委員会

【農業委員会の体制】（令和2年7月20日改選）
○ 農業委員11人、農地利用最適化推進委員９人

1　地区の特徴・状況、課題

○ 静岡県の最北東に位置する富士山のふもとの町。標高300～800mの中山間地域であり、耕作面積は水稲が約8割を占めており、良質な米の産地となっている。農業従事者の高齢化や後継者不足による担い手不足が深刻化している。

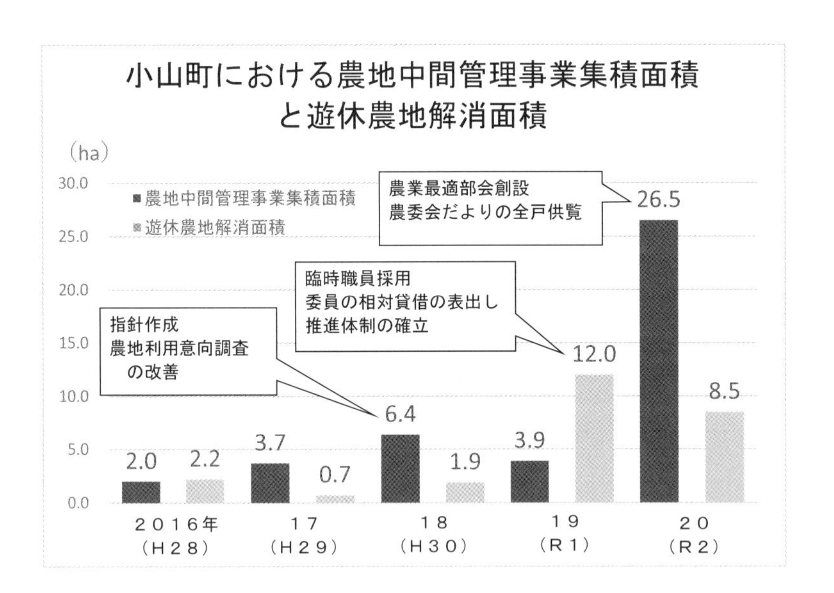

2 活動の成果

○ 各委員が率先して自らの借入農地を農地中間管理事業に切り替えを実施。各委員の同事業への理解が深まったことで、地域の農業者への周知が拡大。令和2年度の同事業による集積は、前年度の約6倍となる26.5haとなった。

3 課題解決に向けた活動（農地利用の最適化の推進の取り組みと工夫）

○ 農地の集積にあたって、基礎となる貸借のデータが不足していること（相対による貸借が一定数あること）が障壁となっていることに着目し、まずはその解消を目指した。

→ 農地中間管理事業の活用が進んでいなかったため、**地域の手本となるべく農業委員・推進委員が自ら率先して同事業を活用**。

（地域の農業者に対して、**農地集積の必要性や事業活用のメリットを委員の体験談として周知**できるようになった）

→ 経営所得安定対策実施計画書との突合により、相対による貸借データを掘り起こし。

○ これらの取り組みが実を結び、令和2年度には前年度の約6倍となる26.5haの農地を農地中間管理事業により集積した。

○ 併せて、農業委員会に対する地域の理解も進み、委員のもとに様々な情報や要望が寄せられるようになった。

→集められた情報は活動記録簿により委員会内で共有し、事務局ではその情報を基にマッチング案を作成。

○ また、令和2年度から農業委員と推進委員で構成する、人・農地プランの推進や非農地化手法の検討などを行う「農業最適部会」を創設し、より一層の農地利用の最適化の推進を図っている。

事例３　開かれた話し合いの場「農地利用調整会議」の開催

長野県南箕輪村農業委員会

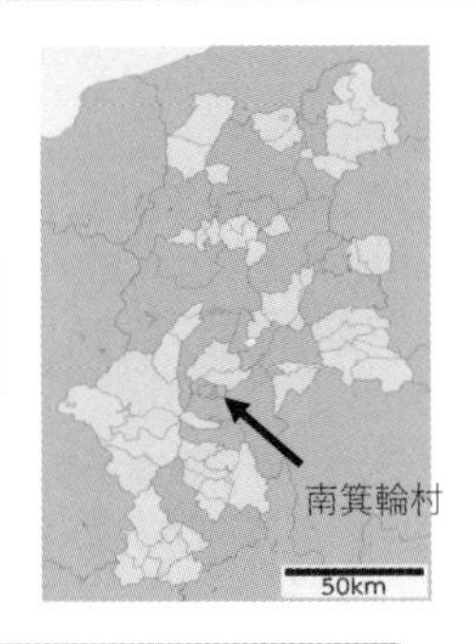

【農業委員会の体制】（令和2年7月20日改選）
○ 農業委員11人、農地利用最適化推進委員４人

1　地区の特徴・状況、課題

○ 長野県中部、中央アルプスのふもとの村。稲作の他、野菜や花き、果樹など多様な農産物が栽培されている。人口増加率は県内一だが、農業就業者の50%以上が70歳以上となっており、後継者不足が課題。

2　人・農地プラン実質化の取り組み

○ プランの対象地区を水田地域、畑作北部、畑作中部、畑作南部の四つに分け、地区の実情に応じて定めた中心経営体への農地の集約化方針を定めている。

3　活動の成果

○ 年に1回、農地所有者から申出のあった貸付・売渡希望農地を、担い手等へ集積することを目的として「農地利用調整会議」を開催。会議には地域の担い手農業者や就農希望者らが参加し、農業委員会は主にコーディネーターの役割を担っている。

○ 令和3年1月に開催した同会議で、農地所有者の貸付・売渡希望農地26件の約9割を人・農地プランに位置づけられた担い手農業者や新規就農希望者にマッチング（マッチング面積2.9ha）。

4　課題解決に向けた活動（農地利用の最適化の推進の取り組みと工夫）

○ 人・農地プラン実質化の過程で行った意向調査で集約した農地所有者の貸付・売渡希望農地や農地中間管理事業申出農地を農地利用地図に落とし込み。

○「農地利用調整会議」への参加を予定している人・農地プランに登録された担い手農業者や新規就農希望者に上記地図を配布し、会議当日までに借受・買受希望農地の具体的な場所を共有。

○ 令和3年1月に会議を実施。会議当日は大判の地図を用意し、農業委員・推進委員が担当地区に分かれて、担い手農業者や新規就農希望者からの詳細な農地状況の質問に答えたり、希望農地が重なった場合の仲介・調整を行った。

○ 会議での調整結果は総会で一覧表にして担当地区の委員に配布し、最終的に契約が成立するまで話し合いを継続。4月までに希望農地の約9割（2.9ha）が契約成立。

事例4　担い手間の意見交換で農地を集約化

山形県鶴岡市農業委員会

【農業委員会の体制】（平成29年11月26日移行）
○新体制：農業委員20人、農地利用最適化推進委員31人、事務局職員9人
○旧体制：農業委員45人、事務局職員9人

【取り組みのポイント】
地図を見て議論する情報交換会をモデル地域で開き、6.1ha集約。市全体に展開し、集積・集約化を推進

集積率が8割近い山形県鶴岡市農業委員会（渡部長和会長）は、担い手間の話し合いによる耕作地の交換により農地の集約化を進めている。

全員の意見を反映させ、笑顔で進んだ月山高原の話し合い

取り組みは2017年12月に藤島地域八栄島地区で始まった。農業委員会の佐藤友志事務局長は「**集積から集約が難しい中、平場で条件がそろった地域でモデルを作りたかった**」と振り返る。地区の耕作地は30ａ区画で、賃借料もほぼ同等。担い手や農業委員、推進委員、農地中間管理機構などが**地図を見ながら議論する情報交換会を実施し、6.1haの集約**につなげた。

これ以降、市全体でのPRにより他の地域に少しずつ広がっている。中山間地域に位置する羽黒地域月山高原の団地もその一つ。この地域は畑が中心で、複数地区からの入作もある。90haに70経営体が入り組み、これまで話し合いはほとんどされてこなかった。

地区の推進委員・齋藤力さん（63）は、農業委員会羽黒分室の匹田久雄調整主任や山形県農業会議、民間2社とともに話し合いに向けた推進体制を構築。今後の営農意向についてのアンケート調査を行った。「高齢化が進んでいたし、作付けの多い枝豆の連作障害をなんとか解消したかった」と当時を振り返る。

アンケートの結果、５年後には70代以上が大幅に増え、耕作面積の減少（縮小、離農）見込みが３割以上と分かった。そこで19年８月と12月に**担い手など20経営体や関係機関を集め、ワークショップ形式の話し合いを実施**。複数の担い手で枝豆と小麦によるブロックローテーションを進めることとし、13haが機構を通じた賃借につながった。

取り組みには県農業会議も大きく貢献した。ワークショップ形式の話し合いを提案し、ファシリテーターとしても参加。付箋を使った合意形成方式を採用しながら参加者全員の意見を引き出し、反映させた。同会議の五十嵐淳事務局次長は**「今後、県内３カ所でこうした伴走支援を実施する。農業委員会と一緒になって地域農業の発展に貢献していく」**と意欲を語る。

これまで高坂集落と三瀬地区でも担い手間の話し合いが進められ、農地の集約につながった。来年度はさらに１地区で実施が決まっている。佐藤事務局長は「人・農地プランの実行に向けた大事な取り組み。年間２～３地区ずつ着実にこうした情報交換会を行っていきたい」と話す。

（全国農業新聞　令和３年２月12日号１面より）

事例５　新規就農者の就農地探しを支援

宮崎県宮崎市農業委員会
（全国農業新聞　令和2年10月23日号、令和3年9月24日号より）

（取り組みのポイント）
○農業委員会は、事業の紹介、就農地の案内、事前相談に対応
○就農前の相談対応だけでなく就農後も支援
⇒農業委員が支えたことで、地域の信頼が早く得られたとの効果もあった

新規就農者を支援

優良農地を貸与

県が「スタンバイ農地事業」創設
今秋、宮崎市に第1号が誕生

就農をめざす串間さん（右）と農地事業を紹介した松田会長

新規就農にあたり立ちふさがる最初の壁は「農地探し」だ。

県では新規就農者に優良農地で就農してもらうため、2019年度から「宮崎県スタンバイ農地事業」を創設した。同事業は、県農地中間管理機構が農地を一時管理し、就農する段階で新規就農者へ貸すというもの。宮崎市の串間祐介さんが同事業第1号となる。

串間さんは現在29歳。今年7月、約1年間のJAファームでの研修を終え、今秋、宮崎市浮田で施設キュウリでの就農をめざしている。串間さんは、研修中に宮崎市農業委員会の松田実会長（72）からスタンバイ農地事業を紹介してもらった。松田会長とは打ち合わせなどで話す機会も多かったため、「今でも悩みを相談している」と、串間さんは語る。

松田会長は「就農するからには優良な農地を紹介しようと思った。地域の人にしか分からない耕地条件もあるため、串間さんの作物に合った農地を紹介できて良かった」と満足そうだ。

今後は「露地野菜にも挑戦してみたい」と意気込む串間さん。松田会長も「串間さんは草刈りを進んで行うなど地域に溶け込もうとしている。地域全体で支えていきたい」と話す。

優良農地を確保し、地域とのつながりもつくることができるスタンバイ農地事業。これから地域農業を守る核となって、第2、第3の活用が広がると期待されている。

（宮崎市農業委員会）

全国農業新聞　令和２年１０月２３日号より

農地利用最適化の最前線④

昨年度52人が新規就農

宮崎市農業委員会

宮崎市農業委員会（松田実会長）は、新規就農者の農地確保支援に取り組んでいる。農業研修生の円滑な就農を支援するため、毎年8月に全農業委員出席による「顔合わせ会」を実施。同市内の㈲ジェイエイファームみやざき中央とみやざき農業実践塾で施設園芸での就農を目指して学ぶ研修生が参加する。就農希望地区ごとに分かれて農業委員と研修生が話をし、「もし良ければ、地区別連絡会に来てみてください」と声を掛けるという。

農地所有者を紹介

同委員会では毎月、市内を10地区に分けた「地区別連絡会」を開催。各地区の農業委員と農地利用最適化推進委員が出席し、総会議案の事前確認などを行うが、新規就農者の情報を共有する場にもなっている。

地区別連絡会に就農希望者が出席する場合、はじめに委員、研修生など出席者全員で自己紹介を行い、相談しやすい雰囲気づくりに努めている。

研修生の希望に添った農地が見つかりそうな場合は、委員が農地の所有者に連絡を入れ、委員の立ち会いの下、現地確認をする。また、研修生と所有者が農地の貸借について話をする機会も設ける。同委員会事務局の石橋里彩主事は「地元の委員が貸し手と借り手の間に入ることで、スムーズに貸し借りの話し合いが進んでいる」と話す。

市独自事業で後押し

新規就農者と農地所有者の間で貸し借りの合意がされても、研修修了までのタイムラグが生じるケースが増えているという。

そこで、同市単独事業として、２０２０年度から「新規就農者優良農地バックアップ事業」を実施している。研修生などの新規就農希望者が実際に就農するまでの間、農業法人などが代わって農地を借りたり、維持管理を行う事業だ。農業法人などに対して、賃借料には10㌃当たり10万円以内（賃借期間合計・最長2年）、維持管理料には10㌃当たり5万2千円以内（同）を助成している。

20年度には同事業を活用して農業法人が約84㌃の農地を借り受けて管理を行い、21年8月には3人の研修生の就農に合わせて、農地が引き継がれた。同事務局の鍋島雅俊次長補佐は「優良農地を確保することで、就農希望者は安心して研修に取り組めている。また、農地を法人が管理することで遊休農地の発生防止にもなっている」と話す。

同委員会には日常的に新規就農者からの相談が多い。相談者には「希望農地調査票」に記入してもらい、事務局が地区別連絡会でつないでいる。作目、面積、売買・賃借の希望などが記載された調査票をもとに、地区の農業委員らが農地所有者との間を取り持ち、新規就農者の農地確保と農地の有効利用を実現している。

同市の20年度の新規就農者は52人であり、これらの取り組みがその一助となったという。松田会長は「今後も優良農地の早期確保に努め、関係機関と連携しながら新規就農者の支援を進めていきたい」と話す。

新規就農者優良農地バックアップ事業を活用した農地で。左から、ジェイエイファームみやざき中央の久島章弘主任、農地の貸し手の押川始さん、借り手（研修生）の本田進さん、松田会長

全国農業新聞　令和３年９月２４日号より

事例６　地域まるっと中間管理方式の導入

愛知県豊川市農業委員会

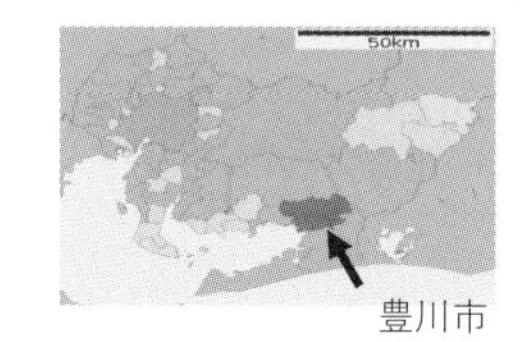

【農業委員会の体制】（令和2年7月20日改選）
○ 農業委員19人、農地利用最適化推進委員15人

1　地区の特徴・状況、課題

○ 豊川市は農業が盛んな地域だが、担い手の高齢化や後継者不足により、優良農地を次世代へどう引き継ぐかが課題となっている。長沢地区は三方を山に囲まれた中間農業地域。農業従事者の多くが小規模な第二種兼業農家で高齢化が進んでいる。農地面積は約72haで、うち水田は約52ha。

2　活動の成果

○ 長沢地区で地権者を構成員とする「一般社団法人ファーム長沢の里」を設立。「地域まるっと中間管理方式」により、集落内の農地約38haを農地バンクを通じて当法人が借り受け、農地の集積と有効活用につなげた。

3　地域まるっと中間管理方式

【概要】
○ 地域の農地をすべて農地バンクに貸し付け、そのすべての農地を地域で設立した一般社団法人が借り受ける。
○ 一般社団法人が直接経営する農地以外の農地は、地域の担い手や当面、自作を希望する農家と特定農作業受委託契約を結び、従来通り耕作してもらい、耕作できなくなったときにその人の農地を法人が引き継ぐ。

【メリット】
○ 耕作できる間は、地域の担い手や当面、自作を希望する農家が特定農作業受託により耕作を続ける。
○ 農事組合法人と比較して設立が簡便である（公証人の定款認証だけで設立が可能）。
○ 地域集積協力金が非課税となる（非営利型一般社団法人として設立）。
○ 耕作できなくなったときは、一旦、法人に農地を戻し、法人による直接経営等により耕作を継続する。

【取り組みの流れ】

① 地域まるっと中間管理方式の導入の検討を開始。

② 主な自作農家（理事就任予定者）に事前説明を実施。

③ 対象農家への説明会（全対象農家161人中101人が出席）を実施。

④ 法人を設立。法人が管内約38haの農地（田：30ha、畑：8ha）について農地バンクを通じて借り受け、農地を集積。

⑤ 所有者が不明となっている農地7,152㎡については公示制度を活用し、知事の裁定を受けて機構に利用権が設定され、機構が法人に貸付。

【農業委員・推進委員が担った役割】

① 地域まるっと中間管理方式の導入にあたり、担い手と農地バンクの間に立って調整を行い、担い手からの同意を得る。

② 理事就任予定者に対し、制度の概要説明を行い、同意を得る。

③ 対象農家へ説明会の参加呼びかけを行った。また、説明会において制度の概要説明を行い、法人設立の賛同と法人への加入を促す。

④ 地権者受付会において、出席の呼びかけ、制度の概要、書類の記入支援を行った。

おわりに

最後までお目通しいただき、ありがとうございました。

「農地利用最適化」と「新たな農地利用最適化」について、少しでも理解の一助になれれば幸いです。

「農地利用最適化」とは農地に責任を持つ農業委員会として、父祖から引き継いだ農地を可愛い子供や孫の代へ農地として受け渡すため「今耕されている農地を、耕せるうちに、耕せる人へ引き継いでいく算段をすること」と思い定め、改正農業委員会法施行以来５年経過をするなかで全国４万人の委員の皆さんが日々奮闘されています。

５年という区切りの現在、私たちの取り組みをもう一歩高みへ向けていく段階を迎えています。それが「新たな農地利用最適化」です。この間、全国の委員の中には「農地利用最適化とは何だ、どう取り組むのか」という疑問やわだかまりがある一方、農業委員会の外部からは「農業委員会の活動は見えない、何をやっているのか」との批判の声もあります。このような疑問と批判に答えるためにも、「農地の見守り」「仲間への声掛け」という日常活動を起点に、農地利用の最適化の活動と成果について意欲的な目標を設定し、活動記録を記帳、集計・点検・評価する一連の取り組みである「農業委員会活動の見える化」を軸に据えた「新たな農地利用最適化」に運動的に取り組んでいこうではありませんか。

農地利用最適化の活動は、日常的に行われており、昼夜を分かたず取り組まれています。そしてそれは農業経営の傍ら取り組まれるものであり、農業者の代表である農業委員と農地利用最適化推進委員を中心とする農業委員会にしか為し得ない事柄です。これからも誇りと自信をもって最適化活動に邁進されることを祈念するとともに、皆さんの活躍で日本の農業・農村が明るく輝かしいものになることを願ってやみません。

全国農業図書ブックレット
「農地利用最適化」から「新たな農地利用最適化」へ

令和３年11月　発行　　定価：700円（本体637円＋税10%）送料別

発行：一般社団法人 全国農業会議所

〒102-0084 東京都千代田区二番町9－8
（中央労働基準協会ビル２階）
電話　03－6910－1131
全国農業図書コード　R03－24